星空浩瀚　北斗璀璨

——北斗导航系统的前世今生

王卫红　武锋强　王继业　编著

西南交通大学出版社

·成　都·

图书在版编目（ＣＩＰ）数据

星空浩瀚 北斗璀璨：北斗导航系统的前世今生 /
王卫红，武锋强，王继业编著. 一成都：西南交通大学
出版社，2023.2

ISBN 978-7-5643-9187-4

Ⅰ.①星… Ⅱ.①王… ②武… ③王… Ⅲ.①卫星导
航－全球定位系统－介绍－中国 Ⅳ.①P228.4

中国国家版本馆 CIP 数据核字（2023）第 036592 号

Xingkong Haohan　Beidou Cuican
——Beidou Daohang Xitong de Qianshi Jinsheng

星空浩瀚　北斗璀璨
——北斗导航系统的前世今生

王卫红　武锋强　王继业　编著

出 版 人	王建琼
策 划 编 辑	黄庆斌
责 任 编 辑	杨 勇
封 面 设 计	曹天擎
插 图 绘 制	王雅婷　苟楚弋　李梦凡
出 版 发 行	西南交通大学出版社 （四川省成都市金牛区二环路北一段 111 号 西南交通大学创新大厦 21 楼）
发 行 部 电 话	028-87600564　028-87600533
邮 政 编 码	610031
网 址	http://www.xnjdcbs.com
印 刷	四川煤田地质制图印务有限责任公司
成 品 尺 寸	170 mm×230 mm
印 张	14
字 数	179 千
版 次	2023 年 2 月第 1 版
印 次	2023 年 2 月第 1 次
书 号	ISBN 978-7-5643-9187-4
定 价	39.80 元

前 言

　　"曰：遂古之初，谁传道之？上下未形，何由考之？……九天之际，安放安属？隅隈多有，谁知其数？……"（"请问远古开始之时，谁将此态流传导引？天地尚未成形之前，从哪里得以产生？……我们生存的宇宙从何时而来？因何事而产生？天边有多少的弯曲和角落，谁能知道？……"）春秋战国时期楚国伟大的爱国主义诗人、中国浪漫主义文学奠基人屈原，在千古名篇《天问》中一连问了一百多个关于天文、地理、历史等方面的问题。在西方，古希腊哲学家柏拉图也发出了灵魂三问："我是谁？我从哪里来？要到哪里去？"这些其实是人类对空间、时间等问题的积极思考。

　　人类社会的历史，是不断地寻求"在哪儿""去哪儿""什么方向""有多远""花多长时间才能到达""怎样便捷地到达""在哪里进行"等等定位与导航问题的解答，并不断提高定位精度以满足普通百姓的"衣、食、住、行、娱"等物质文化需求和国家的经济建设、科研、国防等需要的历史。在人类文明早期，人们大多只能生活在一个小小的部落周围，在外出狩猎时，他们用树枝和石头作标记就能保证自己不会迷路；如果走得更远一点，人们会发现大自然中的山川、河流也能帮助记忆位置和指引前行的方向；随着人类文明的发展，人们经过对天空的探索，发现日月星辰能指引我们跨过山川河流，奔向远方。在现代社会，人类已经可以离开地球，在月球上和空间站外行走，甚至可以预言，在不久的将来人类还能登陆火星。随着活动范围的扩大，人们发明了越来越多的定位和导航技术。

从古至今，我们国家始终和世界上其他国家（或组织）一道，不断地探索宇宙。作为中国古代四大发明之一，指南针对人类的科学技术和文明的发展，起到了不可估量的作用。2020年6月，我国拥有自主知识产权的全球卫星导航系统——北斗卫星导航系统完成了全面组网，更是在人类时空文明中书写了浓墨重彩的一笔。

在浩瀚的星空中，璀璨的北斗星座曾长期作为人们导航的依据。从传统天文导航和现代无线电导航的基础上发展起来的卫星导航，克服了天文导航对天气条件依赖性强、中长距离无线电导航误差大的缺点，能实时提供精确的定位与导航数据。作为全球卫星导航系统中冉冉升起的新星，北斗卫星导航系统完成全面组网之后，正提供覆盖全球的高精度、高可靠的定位、导航、授时、短报文通信、国际搜救服务（在中国及周边地区，还能提供星基增强与地基增强的定位导航授时和精密单点定位服务），广泛应用于交通运输、公共安全、军事国防、救灾减灾、农林渔业、环境监测、通信授时、资源调度、科学研究等领域，产生了巨大的经济效益和社会效益。

本书重点介绍北斗导航系统的建设意义、发展历程、广泛应用和相关科技创新活动。全书分为四篇：第一篇《从"南"到"北" 跨越千年》介绍定位与导航的含义、动物界的导航、我国古代的导航技术、近现代定位导航技术、北斗卫星定位、导航和授时原理等。第二篇《亮如灯塔 耀如北斗》介绍我国历经"灯塔一号"计划、北斗卫星导航实验系统（北斗一号）到北斗二号、北斗三号，如何步伐稳健地实现了"先试验后建设""先国内后周边""先区域后全球"的发展思路和一代又一代科学家突破技术壁垒、坚持自主创新的艰难历程。第三篇《服务全球 赋能未来》结合丰富的实例，介绍了：北斗导航卫星信号如何做到覆盖全球；在高精度的定位导航授时服务之外，如何提供短报文通信、国际搜救、星基增强、地基增强、精密单点定位服务，真正做到不仅服务中国，而且服务全球，为人类命运共同体的美好未来赋能。第四篇《梦在前方 路在脚下》则介绍了在国内已经具有相当大的影响力并进入教育部《2022—2025学年面向中小学生的全国性竞赛活动名单》的"北斗杯"全国青少年空天科技体验与创新大赛，鼓励读者积极参与。

北斗三号全球卫星导航系统正式开通，举国欢庆。各类媒体上关于北斗卫星导航系统的报道很多，遗憾的是，可能由于其作者知识背景的影响，叙述不准确甚至错误之处屡见不鲜。本书作者长期从事卫星定位与导航的教学、科普与应用工作，在完成本书的过程中，仔细地对文献和网络资源进行了甄别和选择，力求内容准确、深入浅出。同时，为了丰富读者的视觉体验，也为了更好地宣传北斗，我们引用了一些权威媒体上的微视频，用二维码形式展示，在此对相关平台及其原创者表示感谢，如有不当，敬请指正。总之，本书力求既讲清楚北斗卫星导航系统发展的来龙去脉，又说明白其两大功能、七种服务的原理和应用，以帮助提升社会大众特别是青少年的科学素养、创新精神和爱国情怀。

在写作过程中作者参考了大量专业文献和网络资源，已在正文后列出，全书根据需要也参考和引用了一些网络图片，由于来源繁杂，有些作者不能尽考，在此对其原作者和相关人员深表谢意。如有不到之处，请指正。书中所论内容涉及面广，限于时间和水平，疏漏不足之处在所难免，也请读者批评指正。

以"普及科学知识 提高科学素质"为宗旨，我们还创建了"鸿鹄微科普"视频号，创作了一系列动画微视频。该视频号除重现本书的主要内容之外，还将持续更新，及时介绍北斗卫星导航系统的最新发展动态。连《星空浩瀚 北斗璀璨》在内，"鸿鹄微科普"视频号共分6个主题，由"小鸿子"和"小鹄子"两个动画形象带领大家一起畅游天地之间。

最后，作者特别感谢西南交通大学出版社的大力支持，使本书能入选全国高校出版社主题出版项目并顺利出版。

王二火

2022年12月

目 录

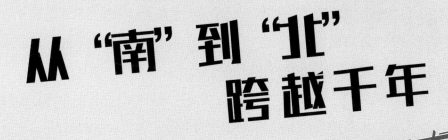

第一篇

从"南"到"北"
跨越千年

第1章　定位与导航的含义

1.1　定　位

什么是定位？"定位"一词，最早出自于《韩非子·扬权》"审名以定位，明分以辩类"。韩非子（图1.1）主张通过分析"名"的含义给概念、下定义来确定事物的位置，明确事物的界限，找出事物之间的差别，进而把它们归于不同的类别。

现在所说的"定位"，是指确定某个人或者物体在宇宙中所处的位置。我国古代先秦诸子之一——尸佼在其著作《尸子》中最早提出"上下四方曰宇，往古来今曰宙"。意思是："宇"表示东南西北上下六个方位，即表示空间；"宙"表示过去、现在和将来，即表示时间。世界是不断运动的，"定位"包含了空间和时间的概念，也就是说，"定位"是确定某个人或者物体在某个时间点所处的位置。

要理解上面的定义，我们要区别时间相同、空间不同造成的定位不同和空间相同、时间不同造成的定位不同。所谓时间相同、空间不同造成的定位不同，即在某一时刻，不同地方的人或者事物均有不同的定位。那么，怎么理解空间相同、时间不同造成的定位不同

图1.1　韩非子画像

图1.2　空间相同、时间不同造成定位不同

呢？"前不见古人，后不见来者。念天地之悠悠，独怆然而涕下。"这是一首唐代诗人陈子昂登上幽州台的抒情诗歌（图1.2）。诗歌前两句，恰好阐述了时间维度不一样，造成了定位的不一样。从古至今，幽州台就在那个地方，"不为尧存，不为桀亡"。"古人"肯定在幽州台的地方出现过，但是因为时间不同，陈子昂看不到古人；"来者"也必定会在幽州台出现，但是因为时间不同，陈子昂同样看不到来者。"古人""陈子昂""来者"三者在宇宙中空间相同，时间不同，所以定位就不同。

1.2　导　航

生活中我们对导航应该不会感到陌生，打开手机，选择任意一个导航软件，它就能获取到我们的位置信息，也就是说实现了定位功能。然后我们再输入目的地，经过导航软件的计算，就能享受到导航带来的便捷出行体验。对于近一点距离的出行，导航软件提供了步行、骑行、公交车、地铁、驾车等导航方式；对于远距离出行，导航软件还能提供高铁、飞机等方式的导航。如果选择驾车导航，我们甚至还能选择"高速优先""速度优先""躲避拥堵""收费少"等等导航方式。所谓导航，就是获取人或物体的定位信息，并综合各种情况，指引人或物体选择某种程度上的最优方式从空间一点到另外一点的过程。

今者臣来，见人于大行，方北面而持其驾，告臣曰："我欲之楚。"臣曰："君之楚，将奚为北面？"曰："吾马良。"臣曰："马虽良，此非楚之路也。"曰："吾用多。"臣曰："用虽多，此非楚之路也。"曰："吾御者善。"此数者愈善，而离楚愈远耳。（西汉·刘向《战国策·魏策四》）这段文字就是我们学过的寓言故事《南辕北辙》（图1.3）。今天的人们都知道，地球是球形的，所以文中赶路之人也许最终能到达楚国，只不过他选择的却不是最优的导航路径，实在算不上一个好的导航者。

图1.3　南辕北辙的导航

第2章　向大自然学习——动物界的导航

导航，并不是人类的专利，动物界有许多导航高手，有些甚至是人类的老师。比如人类根据蝙蝠利用超声波定位的原理，发明了雷达，通过接收返回的雷达波来实现对目标的探测，是大家耳熟能详的仿生学实例。

回声定位功能使蝙蝠在近距离飞行中游刃有余，但对于远距离飞行而言蝙蝠怎么办呢？辛勤劳作的蜜蜂怎样找到回家的路？成语典故中齐国的宰相管仲利用老马识途挽救了齐国的军队，为什么老马能识途？在美洲大陆东岸附近马尾藻海域的欧洲鳗鲡，为什么在没有成年鳗鱼的陪同下就能横跨大西洋游往斯堪的纳维亚半岛或地中海附近？本章将为同学们解密几种动物有趣的导航方式。

自古以来，大自然就是人类各种技术思想、工程原理及重大发明的源泉。人们研究生物体的结构与功能，并根据这些原理发明出新的设备和工具，创造出适用于生产、学习和生活的先进技术。大自然蕴藏着无穷的秘密，等待着大家去揭示。

2.1　蝙蝠——不仅仅是"夜行侠"

地球上有将近1 000种蝙蝠。蝙蝠是除人之外，地球上数量最多、分布最为广泛的哺乳动物之一。大型蝙蝠（果蝠等）是用视觉捕食的，而小型食虫蝙蝠是用听觉和回声定位捕食的。蝙蝠能够制造出超声波，这些超声波遇到障碍物之后发生反射，蝙蝠就是依靠反射回来的超声波来实现定位的（图2.1）。一些小型蝙蝠，如马蹄蝠的口鼻部上长着"鼻状叶"结构，周围有复杂又特殊的皮肤皱褶，这是一种奇特的生物波装置，可以在不影响呼吸的情况下，连续不断地发出频率超过2万赫的超声波信号，超声波遇到障碍物就会反射回来，反馈的讯息被它们超凡脱俗的大耳郭所接收，然后在大脑中快速分析出结果。这种导航方式准确性和灵敏度极高，在完全黑暗的环境中，蝙蝠不仅能判断障碍物方向，规划飞行路线，还能辨别不同的昆虫或障碍物的样子。

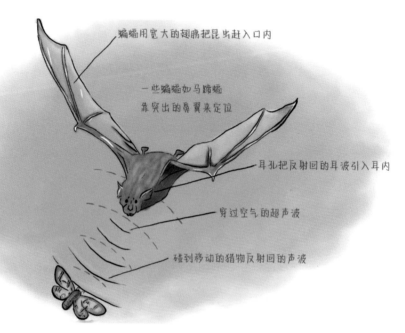

图2.1　蝙蝠利用回声定位导航

人们从蝙蝠身上得到启示，发明了雷达。值得注意的是，人类雷达技术发展到今天，与蝙蝠具备的超强抗干扰性和灵活性比起来，仍然是小巫见大巫。蝙蝠依靠超声波定位的方式，可以在黑暗中数秒内捕捉到一只小小的昆虫，其超声波定位的精准度实在是令人赞叹。更夸张的是，数万只蝙蝠住在一个洞里，每只蝙蝠仍然可以准确地识别出自己发出的超声波回声，不会因为高密度的噪声干扰而失去准度。相比之下，人类的雷达系统如果数万部一起开机，那种强度的复杂电磁环境下受到的干扰将是极其严重的。因此，蝙蝠的抗干扰能力仍然是人类需要研究和学习的。

蝙蝠是名副其实的"夜行侠"，用回声定位探测食物和周围世界。可是，相当多种类的蝙蝠有进行数千千米长距离迁徙的习性，飞行迁徙时距离地面的高度可达数千米，而回声定位的有效距离通常仅为几十米。长期以来，科学家们一直苦于未能发现蝙蝠在飞行过程中的导航策略，该领域研究在全球范围内备受关注。直到2006年，中外科学家们才确定蝙蝠是利用地球磁场来进行远距离的定位与导航的。美国新泽西州普林斯顿大学生物学家理查德·霍兰德和同事们研究发现，蝙蝠具有磁性感官能力，在飞行数千千米之远时仍能准确判断方向，蝙蝠的这种能力与某些鸟类有相同之处，除依据磁场外，它们还都使用日落作为方向标识器。

目前，已经发现有多种动物可利用地球磁场进行定位与导航，包括鸟类的鸽子、两栖类的海龟，以及昆虫类的蝴蝶（如北美黑脉金斑蝶）等。不同的动物利用地磁的方式存在差异。华东师范大学张树义教授等以山蝠为研究对象，发现其对地球磁场的利用形式是磁极。他们进一步研究证实，蝙蝠头部含有软磁性铁颗粒，且迁徙性蝙蝠脑组织内的磁性颗粒含量高于非迁徙性蝙蝠。他们认为这些磁铁矿颗粒作为感知地磁信号的受体在蝙蝠进行远距离导航时发挥了极其重要的作用。这些研究成果增加了对动物导航策略、动物的器官结构与行为功能间如何精确匹配、地球磁场对生物进化产生影响等多个方面问题的了解，也为人类仿生研制相关军用、民用的精确定位导航设备提供了有价值的理论依据。

埃及果蝠非常善于在三维空间中进行定向导航。以色列魏茨曼科学研究所的科学家们研究了埃及果蝠三维导航的运动轨迹和大脑活动，尤其是对垂直维度在其大脑中的表征方式进行了研究。飞行员"上下"方向感的突然缺失是飞机失事最常见的原因之一。在未来，阐明三维（3D）导航系统的神经机制可能会对预防空难有所帮助。

2.2　蜜蜂怎样回巢？

蜜蜂的活动半径随着年龄的增加从十几米一直可以到几千米。在附近缺乏蜜源的季节，蜜蜂甚至能飞到8千米以外的地方采集花蜜。那么，蜜蜂是依靠哪些本领，在十几米到几千米的范围内精确地找到它们的巢穴呢？动物学家经过对蜜蜂活动的研究，发现蜜蜂回巢主要可以分为近距离导航和远距离导航。

当蜜蜂从虫卵长成具有强壮翅膀的成虫时，它们已经具备了飞行的能力，随时准备外出采蜜。在这之前，它们要开始"认巢"，简单来说就是蜜蜂在出巢采蜜前必须要清楚蜂巢的位置和特征，否则出巢后的蜜蜂很有可能就再也找不到蜂巢了。"认巢"行为一般发生在天气晴朗的下午，蜜蜂能充分发挥它们超强的嗅觉和视觉能力，在可视范围内，飞出巢穴后能记住蜂巢独特的气味和外观特征。

随着蜜蜂年龄的增长，蜜蜂"认巢"次数的增多，它们已经做好了远距离飞行的准备，将要飞往超出可视距离的蜜源目的地，但它们的嗅觉和视觉能力已经不足以帮助它们顺利回家，这个时候，它们身体的另外一个独特构造——蜂眼就派上了用场。蜜蜂有一对复眼，另外还有三只单眼，单眼呈三角排列。单眼只有一层角膜，只能辨别光线的强弱和距离的远近，只能看到极短距离内物体的不清晰的倒影，对视觉起到辅助作用；复眼是蜜蜂的主要视觉器官，每只复眼约由几千只小眼组成，每一只小眼都有一套集光系统和感光系统。因此，蜜蜂看到的图像是由几千只小眼成像的组合。蜜蜂的复眼不仅能捕捉静止和运动的图像，还具有偏振光识别功能，而正是这一特殊功能，使得蜜蜂可用天空中的偏振光来定向与导航（图2.2）。

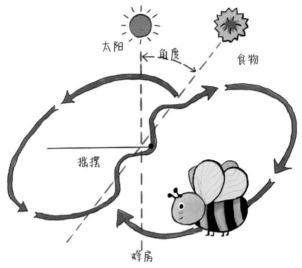

图2.2 蜜蜂利用偏振光导航

天空中任意一点偏振光的方向都垂直于太阳、观察者和这一点所在的平面。对于蜜蜂而言，天空中的偏振光图像随着太阳的位置或者蜜蜂的位置变化而变化，蜜蜂的复眼能精确感知这些偏振光图像的变化，从而能计算出自己、蜂巢和太阳的相对位置，完成远距离导航。

根据蜜蜂定向功能的原理制成的偏振定向仪，目前已用于航空和航海领域。

2.3 老马能识途

管仲、隰朋从于桓公伐孤竹，春往冬反，迷惑失道。管仲曰："老马之智可用也。"乃放老马而随之，遂得道。（《韩非子·说林上》）

近塞上之人有善术者，马无故亡而入胡。人皆吊之，其父曰："此何遽不为福乎？"居数月，其马将胡骏马而归。人皆贺之，其父曰："此何遽不能为祸乎？"家富良马，其子好骑，堕而折其髀。人皆吊之，其父曰："此何遽不为福乎？"居一年，胡人大入塞，丁壮者引弦而战。近塞之人，死者十九。此独以跛之故，父子相保。（西汉·刘安《淮南子·人间训》）

以上两则古文都是同学们熟悉的成语典故。第一则是老马识途，齐国军队征战燕国，春天出征，冬天凯旋，因时间间隔太久，迷路了。随军出征的管仲想到，老马应该能找到来时之路，果真在老马的带领下，齐国的军队终于走出了山谷，找到了回家的路。第二则是塞翁失马，塞翁的马跑到了胡人的驻地，不仅没有迷路，居然还带回来了胡人的良马。那么，为什么马有如此良好的识途能力呢？

在陆地哺乳动物中，马的眼睛是最大的，可是跟蜜蜂有强大的视觉系统不一样，马的视觉系统其实是比较弱的。马的两只眼睛分别分布在马头的两侧，具有单眼成像兼双眼成像的特点（图2.3）。马一般情况下都是单眼成像，两只眼睛分开单独工作，有各自不同的视野，同时分别处理两个视野内的东西。加上马灵活的脖子可以大幅度转动，马的视野可以说是360度无死角。但是，单眼成像的缺点也十分明显，因为两只眼睛各自工作，缺少了眼睛的视觉差，所以马平时看到的物体大多是平面的，缺乏立体感和距离感。就像我们小时候做过的一个游戏，闭上一只眼睛，让两根手指从远处逐渐靠近，两根手指

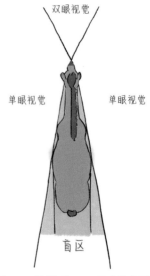

图2.3　马单眼和双眼成像视野

很难碰到一起，就是因为单眼视觉难以判断距离。当马需要集中精力看一个物体时就启用双眼成像模式，双眼成像即两只眼睛获取的画面相互重叠，形成一个单独的三维画面。但是因为马的两只眼睛分布在马头两侧，相隔较远，所以双眼成像时的视野比其他动物要小很多。同时，马的眼球呈扁椭圆形，由于眼轴的长度不良，物像很难在视网膜上形成焦点，所以马看到的物体只能是模糊的图像。

马的视觉系统虽然比较弱，但是马的听觉系统和嗅觉系统却很发达，也正是这两个发达的系统，让马成了动物界导航的高手。

马的耳朵位于头的最高处，耳翼较大，耳肌发达，动作灵敏，旋转变动角度大，加上灵活的头部，马的耳朵能360度无死角接收外界的声波。马的耳朵也像人类一样分为外耳、中耳、内耳三部分。外耳可以捕捉声响的来源、方向，起到声响的定位作用；中耳的功能是放大声音；而内耳的主要功能则是分辨声音的频率、音色和大小。马的内耳中还有一种特殊的"曲折感受器"，科学实验表明，这种感受器其实就是一种特殊的"指南针"，它能像人的眼睛一样辨别运动的方向和周围环境中物体的远近。通过对马耳朵的了解，我们发现马的听觉系统很发达，能感受各种信号，甚至还能从同类的叫声中区别性别和同伴。

马的脸很长，鼻腔也很大。马的鼻腔分呼吸区和嗅觉区两部分。呼吸区位于鼻腔前部，能分泌黏液，防止灰尘和异物进入鼻腔。嗅觉区位于鼻腔的后上方，在马的鼻腔内有一种叫作鼻甲骨的结构，它使呼吸区吸入的空气四处流动变暖并将气味分布在鼻腔顶部的嗅觉区。马的嗅觉神经末梢就在嗅觉区星罗棋布。神经末梢的神经细胞具有鉴别饲料、水质，以及辨别方向、寻找道路的功能。细心的同学们也许会发现，马在行走时鼻子会呼呼作响，有时候突然打一个小小的喷嚏，这可不是马犯了鼻炎，而是马为了更好地识别道路完成的必要动作，人们俗称"打响鼻"。原来，马在行走时之所以鼻子呼呼作响，就是要不断排出鼻腔中的异物，使呼吸区畅通；而呼吸区畅通了，就可以充分发挥嗅觉神经细胞的作用，使它们能准确地分辨气味，识别道路。据研究，群牧马或野生马依靠嗅觉，能辨别大气中微量的水汽，从而可以寻觅几里以外的水源和草地。

2.4　小鳗鱼横跨大西洋

欧洲鳗鱼是一种洄游物种，一生中会两次跨越大西洋。在马尾藻海孵化后，鳗鱼的幼体会随墨西哥湾流移动几千甚至上万千米，直到抵达欧洲大陆的斜坡，随后蜕变成透明的玻璃鳗鱼，并继续跨越大陆架向海岸迁移。它们会在斯堪的纳维亚半岛或地中海附近的淡水域中度过大部分的生命时光。当变成银鳗鱼时，它们就会回到马尾藻海产卵并死亡。目前，科学界对欧洲鳗鲡一生两次横跨大西洋的目的还没有搞清楚，但是经过研究，大致明白了幼年鳗鱼怎样随着墨西哥湾流横跨大西洋。

墨西哥湾流是大西洋环流的一部分，起始于墨西哥湾，沿着北美大陆的海岸线北上，经纽芬兰向东，然后一分为二，湾流的一部分继续向北抵达北欧，一部分向南抵达欧洲西南部。考虑到小鳗鱼是第一次踏上此次征程，没有成年鳗鱼的陪同，科学家首先想到的就是磁场导航系统。他们发现，小鳗鱼是通过感知磁场强度和角度来导航的。不过和其他利用磁场导航的动物们不一样的是，小鳗鱼导航的目的地不是某个固定地点，而是动态的洋流。在旅途中，它们会根据磁场信息改变游动方向以便进入洋流，然后开始轻松的"顺风车"之旅。

为了测试磁场对小鳗鱼游向的影响，研究者在位于英国威尔士的实验室中人工制造了电磁场环境，然后将小鳗鱼放置其中以测试它们的游动方向。除了实验室所在地的背景磁场（图2.4D）外，实验还模拟了另外三个小鳗鱼迁徙途中路过地点的磁场环境（图2.4A、B、C）。测试小鳗鱼游动方向的实验使用了如图2.4（右侧）所示的装置。首先，每只小鳗鱼都先被放置在容器X中以适应新的人造磁场环境，之后容器X、Y和Z之间的隔层被拿掉，小鳗鱼可以自由选择留在容器X中或者游向容器Z中的某个隔间。容器Z被分成12个小隔间，代表罗盘上的12个方位，小鳗鱼的选择就代表了它偏好的游动方向。研究者在每个磁场环境下都测试了超过200条鳗鱼的游动方向，然后对得到的方向数据进行统计分析。

结果显示，小鳗鱼在4种不同磁场环境下的游向各有不同，说明小鳗鱼的游向确实是受磁场影响的。与在实验室磁场环境下的随机游向（图2.4D）相比，小鳗鱼在马尾藻海域倾向于往西南方向游（图2.4A中绿色箭头），在大西洋西北部海域倾向于往东北方向游（图2.4B中绿色箭头），而在大西洋北部海域则是随机游向（图2.4C）。更令人称奇的是，马尾藻海域和大西洋西北部海域的磁场强度只相差5%、磁场角度相差3%，小鳗鱼却能精确地感知两地的不同进而游向相反的两个方向，足见小鳗鱼磁场导航系统的精密程度。

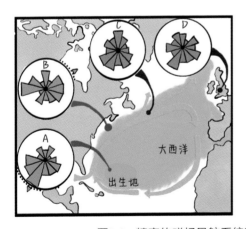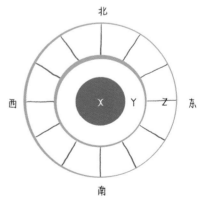

图2.4 精密的磁场导航系统帮助小鳗鱼横跨大西洋

　　小鳗鱼为什么会在不同的海域往不同的方向游呢？为了搞清楚这个问题，研究者们对小鳗鱼在不同海域游动产生的结果进行洋流的计算机模拟。结果发现，小鳗鱼在马尾藻海域（图2.4A）和大西洋西北海域（图2.4B）的游向偏好能使它们进入湾流的成功率提高1.5倍（10%提高到15%）。而在大西洋北部（图2.4C），小鳗鱼即使像木头一样漂流也有70%的概率能进入湾流，这样看来小鳗鱼在大西洋北部的随机游向也算得上是比较"经济"的选择了。

第3章 我国古代的导航技术

动物界的各种导航技能都是为了生存和繁殖。对于站在食物链顶端的人类来说，如果单纯只是为了满足生存和繁殖需求，用树枝和石头作标记，或者观察大自然中的河流、山峰就足够了。但是人类的梦想总是"诗和远方"，那么，为了这一美好目标，我国古代的人们都发明了哪些具有历史意义的导航技术呢？

3.1 观北斗、定季节、辨方位

我国是世界上天文学发展最早的国家之一。很久以前，人们就发现在北半球的天空，有7颗明亮的星星。人们将这7颗星星分别命名为"天枢""天璇""天玑""天权""玉衡""开阳""瑶光"（图3.1）。它们的连线就像我国古代舀酒的"斗"，因此统称为"北斗七星"。"北斗七星"在我国古代天文学中的地位就像泰山之于五岳，无论是政治、文化，还是日常生活，都是不可或缺、极其重要的存在。

图3.1 北斗七星

定位和导航最重要的两个因素就是空间和时间，而"北斗七星"能同时指导人们确定这两个最重要的因素。在北半球的天空，人们经过观察，发现北斗的斗柄随着四季不同而指向不同，目前已知最早记录这一发现的古籍《鹖冠子》中记载：斗柄东指，天下皆春；斗柄南指，天下皆夏；斗柄西指，天下皆秋；斗柄北指，天下皆冬（图3.2为人们抬头观察北半球的天空方位图，所以图中下方为北方，上方为南方）。古人根据北斗七星在夜空中的指向，就可以指导农业生产不误时节。

先秦：观测北斗七星
斗柄旋转

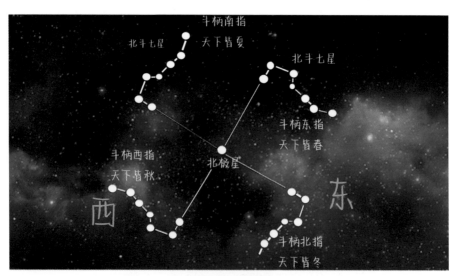

图3.2 北斗七星和北极星定季节和方向

就如我们在图3.2中所看到的，从斗口的"天璇"和"天枢"两颗星向斗内连线，大约延长至"天璇"和"天枢"连线5倍长的距离处，有一颗和北斗七星差不多亮度的星星，被人们命名为"北极星"。北极星在天空中的位置是固定的，几乎是天空中正北的方向。因此，无论在陆地还是海洋，人们迷失方向后，只要找到北极星，顺着北极星的方向就是北面，然后顺时针依次旋转90度，就能得到"东""南""西"三个方位。

3.2 指南针，来一场风雨无阻的旅行

人们通过对日月星辰的观察，已经可以跨过山峰河流，奔赴远方。但是，遇上阴雨天气，或者漆黑的夜晚，人们靠什么来指示方向呢？提到古代导航，就不得不说我国古代的四大发明之一——指南针。

我国先秦时期的劳动人民，在平时的生活和生产活动中已经积累了对磁现象的认识。人们在探寻铁矿的时候，常常遇到磁铁矿，即磁石，发现磁石有吸引铁的特性。《管子》一书中记载："上有慈石者其下有铜金。"《吕氏春秋》记载："慈石召铁，或引之也。"随着对磁石的深入了解，人们发现将磁石打磨成光滑的长条形，放在光滑的平面，长条形磁石便能指向南方，这便是指南针的前身——司南。关于司南，人们普遍接受的形状如图3.3所示，这是我国著名学者王振铎根据东汉时期思想家王充写的《论衡》一书中"司南之杓，投之于地，其柢指南"的记载，考证并复原的勺形模型。

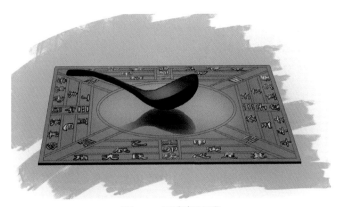

图3.3 司南复原图

然而，因为天然磁石打造成长条形容易断裂、不便于携带，天然磁石的磁矩不足以抗拒光滑平面的阻力，目前没有出土真实可信的司南原型等等观点，现代学术界关于司南存在争议，本书在此不做赘述。

指南针作为我国古代四大发明之一，已经被全世界认可。北宋沈括的《梦溪笔谈》中有详细记载："方家以磁石磨针锋，则能指南。"这种方家在实践中总结出来的钢针磁化法，经过沈括之手公布于世后有力地促进了磁针在

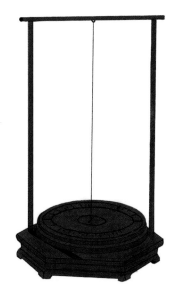

图3.4 "缕悬"法指南针

指南技术中的应用和普及。不仅如此，沈括还全面研究和比较了"水浮"法、置"指爪"法、置"碗唇"法及"缕悬"法的优缺点。其中以"缕悬"法最佳，"其法取新纩中独茧缕，以芥子许蜡，缀于针腰，无风处悬之，则针常指南"（图3.4）。钢针被天然磁石摩擦，容易被磁化；体型小容易携带；用蚕丝和蜡固定磁针，能最大程度减小摩擦阻力。以上种种相对于司南的优点让指南针在全世界传播开来，进而影响到现代文明。而且经过观察，《梦溪笔谈》还记载了磁偏角，"常微偏东，不全南也"，这一发现比西方早了几百年。

3.3 过洋牵星术

2005年7月11日，中国航海日正式启动，这一天也是中国明朝航海家郑和下西洋600周年纪念日。郑和下西洋是中国古代规模最大、船只和海

员最多、时间最久的海上航行，也是15世纪末欧洲的地理大发现航行开始以前世界历史上规模最大的一系列海上探险，拉开了人类走向远洋的序幕。指南针技术在当时已经很成熟，沈括记载的"水浮法"到了郑和的年代已经演变成了"水罗盘"（图3.5），名为水罗经，由天干、地支、八卦、五行配合而成，分有24个不同方位，这在古人航海中用以指导航向已颇为精确了。但是，就如我们所了解到的，郑和七下西洋，可不只是在中国陆地周边随便走一走，他和他的船队最远到达了东非、红海等地，除了水罗经，还运用了计程仪、测深仪等航海仪器。其中，成为近现代导航设备技术基础的过洋牵星术更是发挥了不可替代的作用。

图3.5 水罗盘

过洋牵星术其实是一种利用星星测量所在地纬度的导航技术。众所周知，所谓纬度，就是地球上某点与地心连线和赤道面之间的夹角。如图3.6所示，∠1的度数就是A点的纬度。∠2是A点与O'点连线和A点水平面的夹角。如前文所介绍，我们知道北极星是在地球自转轴上正北方且北极星距离地球无限远，如图中O'点。那么，OO'和AO'可以被看作相互平行，经过简单几何证明，我们能得到∠2等于∠1。也就是说，在地球上某地观测到的北极星仰角值，就是该地的纬度值。

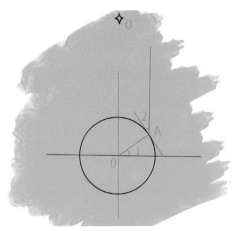

图3.6　过洋牵星术几何原理图

而北极星仰角值的测量是通过牵星板完成的（图3.7）。牵星板用优质的乌木制成，一共12块正方形木板，最小的一块木板每边长为1指（指，即牵星术的测量单位），最大的一块每边长为12指。"指"以下的刻度为"角"，用一块象牙板4个角截掉后的边长来表示，分别为1指的1/8（半角）、1/4（一角）、1/2（二角）和3/4（三角）。

图3.7　牵星板

　　每块牵星板正中间有一根等长的线，测量的时候，测量者右手牵绳拉直。板下面与水平线对齐，合适的牵星板上边加上合适的"象牙角"，就得到了测量地点的北极星仰角值，以此计算出船舶所在的地理纬度。如图3.8。

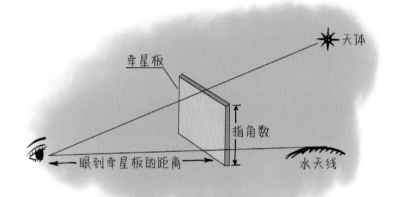

图3.8　牵星板使用示意图

　　同学们也许要问，只有在北半球才能看到北极星，根据记载，郑和的船队最远到了南半球的非洲，过洋牵星术到了南半球还管用吗？据《郑和航海图》中记载，"时月正回南巫里洋（今印度尼西亚苏门答腊岛西北部），牵华盖星八指，北辰星一指，灯笼骨星十四指半，南门双星十五指，西北布司星四指为母，东北织女星十一指平儿山"。从原文看，除了我们熟悉的北斗七星、织女星，还有南布司对应的现在的小犬座，北布司对应的双子座。更让人称奇的是灯笼骨星和南门双星，也就是现今大名鼎鼎的，号称南半球"北斗星"的"南十字座"和"半人马座α（南门二），β（马腹一）"！由此可见，在郑和的年代，人们已经能熟练运用过洋牵星术，无论看不看得到北斗七星和北极星，都能测出多个星星的相对位置，来综合计算出精确的位置。

第4章 近现代导航技术

人类第一次和第二次工业革命使生产力得到了前所未有的发展，交通更加便利快捷，人们的活动范围越来越广，人类可以到达地球上许多地方。随着航天飞机和火箭等高科技交通工具的发明，人们甚至能翱翔宇宙。古老的导航技术精度已经跟不上人类探索的步伐，人类在近现代还发明了哪些优秀的导航技术呢？本章将为同学们介绍几种典型的近现代导航技术。

4.1 六分仪

六分仪的外形呈扇形状，主要组成部分包括带分度弧的架体，一架小望远镜，一个半透明半反射的固定平面镜即地平镜，一个与指标相联的活动反射镜即指标镜（图4.1）。因其框架扇形的圆心角为60度（为圆周的1/6），所以人们将其命名为六分仪，后来随着测量角度增加，框架圆心角也有增加，但是"六分仪"的名字一直流传下来。

六分仪可以测量远方两个物体之间的夹角，其原理最早由牛顿首先提出。其实它的原理特别简单，即光的反射角等于入射角。为了便于说明，我们将六分仪简化成如图4.2所示，以观察太阳的高度角为例。

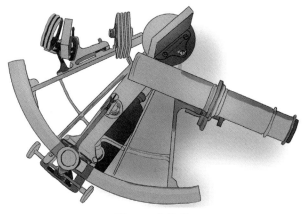

图4.1 六分仪

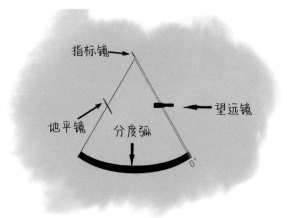

图4.2 六分仪简化图

指标镜的一端是一面反射镜，用以反射太阳光线到地平镜的右半部分，另一端是指针，指出在分度弧上的度数。地平镜的左半部分为透明镜，用以观察海平面；右半部分为反射镜，用以反射来自指标镜的太阳光线。当指标镜指向零度时，地平镜和指标镜相互平行。测量者在使用六分仪时，保证望远镜水平，转动指标镜，同时观察望远镜，可在地平镜右边同时看到海平面和太阳，当太阳和海平面相切时，指标镜指针在分度弧上的度数，就是测得的太阳高度角。如图4.3。

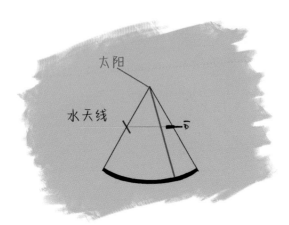

图4.3 六分仪测量示意图

如前文所说，下面我们运用光的反射角等于入射角以及简单的平面几何知识证明六分仪原理。如图4.4所示，过指标镜D点作垂直线，过地平镜B点作垂直线，两线交于O点。指标镜延长线和地平镜延长线交于O′，入射光延长线交水平线于C。

因为　∠3=∠4，∠5=∠6（反射角等于入射角）

又　　∠3+∠4=∠5+∠6+∠1（三角形一个外角等于与它不相邻的两

　　　　　　个内角之和）

所以　∠1=2（∠4−∠5）

因为　∠EBD=∠BDD′，∠2=∠O′DD′（两线平行，内错角相等）

又　　∠BDD′=∠O′DD′+90°−∠4，∠EBD=90°−∠5

所以　∠2=∠4−∠5

因为　∠1=2（∠4−∠5）

所以　∠1=2∠2

从以上证明，我们可以得到，此时太阳的高度角就等于指标镜和零刻度夹角的两倍。人们在制作六分仪时，把圆周角放大1倍到分度弧上，所以在分度弧上的度数就是太阳的高度角。

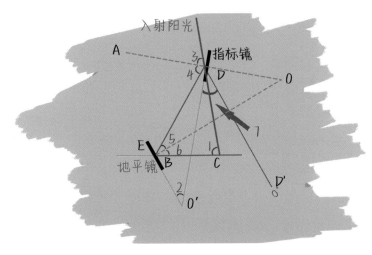

图4.4 六分仪测量太阳高度角原理

现在我们得到了观察点正午太阳的高度角，然后从天文历中查阅当天的赤纬角，即太阳直射点的纬度，运用简单的公式，就能得出观察点的纬度。下面以观察点和太阳直射点同在北半球为例求得计算公式。如图4.5。

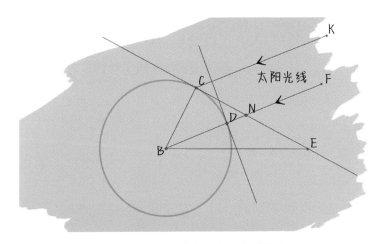

图4.5 由太阳高度角求纬度

图4.5中，已知∠KCE为太阳高度角，∠FBE为赤纬角，∠CBE为观察点纬度角，直线KC和FD为来自太阳的光线且相互平行。

因为　　　BC⊥CE

所以　　　∠CNB＝90°−∠CBN

又　　　　CK//BF

所以　　　∠KCE=∠CNB（两线平行，内错角相等）

综上述　　∠KCE=90°−∠CBN=90°−（∠CBE−∠FBE）

即太阳高度角=90°−（观测者纬度−太阳直射点纬度），等式变形后得到观测者纬度=90°−太阳高度角+太阳直射点纬度。当观察点和太阳直射点不在同一南北半球时，太阳高度角=90°−（观测者纬度+太阳直射点纬度），证明方法类似，本书不做赘述。

我们知道，地球上任意一点都可以用经纬度来定位。我们利用六分仪能测得纬度，那么，我们怎样测量经度呢？众所周知，地球围绕太阳公转的时候同时在自转，正是这一现象造成了地球的白天和黑夜现象。地球自转1周需要24小时，即每小时转动15度。假设我们向东出发，在出发地时，中午12点的时候太阳在上中天，经过一段时间航行后，目的地在上午11点的时候太阳就已经在上中天了，那么，我们就很快能推算出我们向东航行了15度。所以，计算经度，实际上就演变成了计算目的地和出发地之间的时间差。

4.2　惯性导航系统

惯性导航是依据牛顿惯性原理，在给定运动初始条件下，利用陀螺仪和加速度计测量航行器自身的角速度和比力[1]，并辅以时间信息和适当的

---

① 比力：航行器相对惯性空间的绝对加速度和引力加速度之差。

重力场模型，能够提供航行器的速度、位置、姿态/航向、角速度和加速度等导航参数与运动参数。

　　很多人可能小学时学过一篇课文《陀螺》或者玩过陀螺（图4.6）。玩过陀螺的人都知道，陀螺的支撑点很小，要让陀螺不倒，必须使其旋转起来。

图4.6　玩具陀螺

　　在物理学上，陀螺是典型的用来描述物体动态平衡的模型，是一种绕自身对称轴高速旋转的刚体[①]。重力对高速旋转中的陀螺产生的对支撑点的力矩不会使其发生倾倒，而发生小角度的进动，这就是陀螺效应（图4.7）。

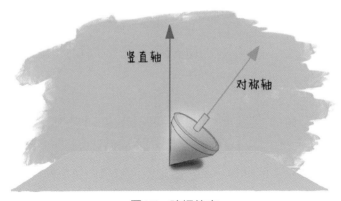

竖直轴

对称轴

图4.7　陀螺效应

———————

[①] 刚体：不变形的固体。

陀螺在旋转的时候，不但围绕本身的对称轴作"自转"，而且还围绕一个竖直轴作"公转"。陀螺"自转"运动速度的快慢，决定着陀螺摆动角的大小。转得越慢，摆动角越大，稳定性越差；转得越快，摆动角越小，因而稳定性也就越好。这和人们骑自行车的道理差不多，只不过一个是做直线运动，一个是做圆锥形的曲线运动。芭蕾舞演员和花样滑冰运动员像陀螺那样不停地旋转，才能用单脚长久支撑身躯并保持自身的平衡，也是利用了高速旋转可以保持稳定的陀螺原理（图4.8）。

图4.8　花样滑冰运动员利用陀螺原理保持平衡

我们可以用玩具陀螺做一个实验来验证陀螺的稳定性（图4.9）。把高速转动的玩具陀螺放在一块光滑的木板上，将木板倾斜，可以发现陀螺仍然保持原有的姿态继续转动，它的转轴处于铅直位置。如果把陀螺抛向空中，它的转轴方向也不会改变。

图4.9 陀螺稳定性的验证

科学家根据陀螺的力学特性研发了一种科学仪器——陀螺仪。陀螺仪在不受外力矩的作用下，其旋转轴方向相对惯性空间不变的稳定性也叫定轴性。利用陀螺仪的"定轴性"，可以测量运动物体的姿态、稳定运动物体的运动方向等等。

陀螺仪最早用于航海导航，但随着科学技术的发展，它在航空和航天中也得到了广泛的应用。惯性导航系统中的陀螺仪用来形成一个导航坐标系，使加速度计的测量轴稳定在该坐标系中并给出航向和姿态角；加速度计用来测量运动体的加速度。

加速度计的原理并不复杂（图4.10）。它利用惯性原理把弹簧放在物体的两端。当物体运动时，弹簧会变形，引起弹性力的变化。弹性力的变化可以反映加速度的变化，进而通过一系列的计算得到航行器的速度和航程数据。要知道各瞬时航行器所在的空间位置，可通过惯性导航系统连续地测出其加速度，然后经过运算得到速度分量和一个方向的位置坐标信号。一个加速度计只能测量一个方向的比力，三个加速度计垂直安装可测量比力矢量，进而得到运动加速度。而根据三个坐标方向的仪器测量结果就能综合得出运动曲线并给出每个瞬时航行器所在的空间位置。

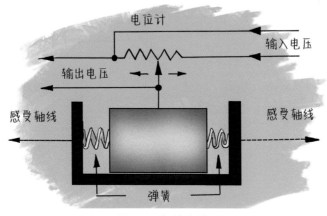

图4.10　加速度计

4.3　地基无线电导航系统

电磁波在均匀理想媒质中，沿直线传播；电磁波在自由空间中的传播速度是恒定的；电磁波在传播路线上遇到障碍物或在不连续媒质的界面上时会发生反射。

无线电导航就是利用上述特性，通过对无线电导航台所发射的电磁波信号进行接收和处理，导航设备能测量出所在航行器相对于导航台的方向、距离、距离差、速度等导航参量，从而确定航行器与导航台之间的相对位置关系，据此实现对航行器的定位和导航。

第二次世界大战期间，无线电导航技术迅速发展，出现了各种导航系统，雷达也开始在舰船和飞机上被用作导航手段（图4.11），飞机着陆开始使用雷达和仪表着陆系统。

蝙蝠主要利用超声波回声定位信号搜寻食物、探测距离、确定目标、回避障碍和逃避敌害等。而雷达也就是根据了它的利用超声波回声定位功能，进而衍生出了发射电磁波对目标进行照射并接收其回波由此获得目标至电磁波发射点的距离、距离变化率、方位、高度等信息的功能。

图4.11 最常见的地基无线电导航系统——雷达

从导航台的所在位置来判定导航的性质,主要有地基导航系统和星基导航系统。星基导航系统导航台设在人造卫星上,覆盖范围大大扩大。

4.4 卫星导航与全球导航卫星系统

1. 卫星导航

卫星导航是指利用星载无线电信标进行导航,即星基无线电导航。

1957年10月4日,苏联成功发射了世界上第一颗人造地球卫星"斯普特尼克1号"(Sputnik 1,见图4.12)。在观测卫星的过程中,美国霍普斯金应用物理实验室的科学家发现了卫星运动引起的多普勒频移效应,断言可以用来实现卫星导航。

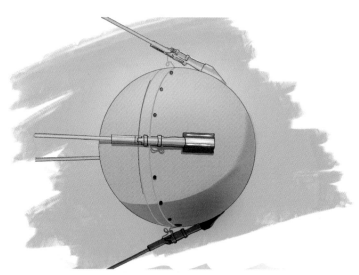

图4.12 世界上第一颗人造地球卫星"斯普特尼克1号"

1958年，受美国海军委托，在克什纳博士领导下，相关人员开始开展子午仪卫星系统的研究。1964年1月，子午仪卫星系统建成并投入军用；1967年7月，解密并提供民用。"子午仪"导航卫星系统属低轨道卫星系统，卫星运行于1 100千米左右的圆形极轨道上，利用多普勒频移和标准时间定位原理进行导航，具有全天候、全球导航的特点，能提供高精度的经度、纬度两维定位数据，但不能进行连续实时导航，平均两次定位间隔时间为35~100分钟，有时最长可达10小时，全球用户一般每隔一个半小时便可利用卫星定位一次。

2. 四大全球导航卫星系统

从子午仪卫星系统开始，人类进入了卫星导航的新纪元。但由于子午仪卫星系统的导航精度和范围有限，1996年退出历史舞台。现在人们说的卫星导航，一般是指四大全球导航卫星系统（图4.13）。

能在地球表面或近地空间的任何地点为用户提供全天候的三维坐标

和速度以及时间信息的卫星系统就是全球导航卫星系统GNSS（Global Navigation Satellite System）[①]。按照开始建设时间的早晚，目前世界上四大全球导航卫星系统分别是全球定位系统（GPS, Global Positioning System）、格洛纳斯（GLONASS, Global Navigation Satellite System）、北斗卫星导航系统（BeiDou Navigation Satellite System）和伽利略卫星导航系统（Galileo Satellite Navigation System）。

GPS是美国从20世纪70年代开始研制、1978年10月6日发射第一颗卫星、于1994年全面建成，具有在海、陆、空进行全方位实时三维导航与定位功能的卫星导航与定位系统。由于GPS在四大全球导航卫星系统中最早研制成功而且用户最多，至今还被很多民众当作全球导航卫星系统的代名词，其实这种说法是不正确的。

1976年，苏联颁布法令建立GLONASS，于1982年10月12日发射第一颗试验卫星。苏联解体后，由俄罗斯继续该计划。该系统于2007年开始运营，当时只开放俄罗斯境内卫星定位及导航服务。到2009年，其服务范围已经拓展到全球。2011年1月1日，GLONASS在全球正式运行。

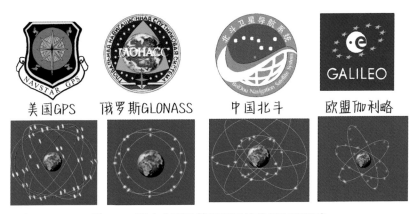

图4.13　四大全球导航卫星系统的标识和星座

① 英文"Global Navigation Satellite System"直译是"全球导航卫星系统"，但习惯上也称为"全球卫星导航系统"。

　　北斗卫星导航系统由我国独立自主研制和建设。从2000年发射两颗实验卫星，从而实现中国及周边地区的卫星定位导航，到2012年建成覆盖亚太的区域卫星导航系统、2020年6月完成全面组网，北斗系统共发射了59颗卫星[①]，除了实现全球范围的定位、导航、授时服务之外，还具有独特的短报文通信功能。

中国北斗传奇之路

　　如图4.13所示，北斗卫星导航系统标识采用圆形构型，象征"圆满"，与太极阴阳鱼共同蕴含了中国传统文化，而深蓝色太空和浅蓝色地球代表了航天事业。图标中的司南和北斗七星相互辉映，既彰显了中国古代科学技术成就，又象征着卫星导航系统星地一体，同时还寓示着中国自主卫星导航系统的名字"北斗"。图中网络化地球和上下的中英文文字则体现了北斗系统开放兼容、服务全球的愿景。古有司南定八方，今有北斗观天下。从东汉思想家王充在《论衡》中记录司"南"到如今的"北"斗卫星导航系统，这段跨越千年的导航历史，生动展现了中国在技术、文化演变及为推动人类历史发展方面所做出的巨大贡献。

　　欧盟于1999年首次公布伽利略卫星导航系统计划，2005年第一颗试验卫星发射成功。2011年8月，伽利略系统的第一颗工作卫星正式入轨。2016年12月，累计18颗卫星在轨的伽利略系统开启了全球性定位服务的测试阶段。2021年12月5日，第27、28颗伽利略导航卫星发射成功，伽利略

① 其中北斗一号发射4颗，北斗二号发射20颗（2颗试验卫星、14颗组网卫星和4颗备份卫星），北斗三号发射35颗（5颗试验卫星和30颗组网卫星）。

系统开始为全球服务。

3. 北斗卫星定位、导航和授时原理

通过接收全球导航卫星系统的信号，用户可以获得接收机所在地的位置信息（Position）、速度信息（Velocity）和时间信息（Time），实现定位、导航和授时。四大导航系统的原理大同小异，下面以北斗为例来进行介绍。

北斗卫星导航系统由空间段、地面段和用户段三部分组成（图4.14）。被运载火箭发射到预定轨道组成一定星座[①]的北斗卫星就是空间段。地面段包括主控站、注入站、监测站等30余个地面站和星间链路运行管理设施（图4.15）。用户段包括北斗兼容其他卫星导航系统的芯片、模块、天线等基础产品，以及终端产品、应用系统与应用服务等。用户终端一般是接收机[②]。

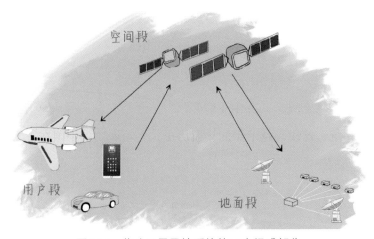

图4.14　北斗卫星导航系统的三大组成部分

[①] 卫星星座是发射入轨能正常工作的卫星的集合，通常是由一些卫星环按一定的方式配置组成的一个卫星网。

[②] 如果采用无源定位的方式，用户终端是接收机；如果采用有源定位的话，用户终端需要向卫星发射信号，严格地讲，该终端不能叫作接收机。

图4.15　北斗卫星导航系统的地面段

地面段的主控站是导航卫星系统进行地面信息处理和运行控制的中心，其主要任务是收集各个监测站采集的卫星信号、观测数据及环境数据，进行时间同步与卫星时钟偏差[①]预报、卫星精密轨道确定与星历[②]参数生成、广域差分[③]改正值计算、电离层延时[④]模型参数计算以及系统完好性[⑤]计算等处理，并实现导航卫星系统的任务规划与调度、全系统运行管理与控制等。北斗系统的主控站位于北京。

导航卫星注入站是指向在轨运行导航卫星注入导航电文[⑥]和控制指令的地面无线电发射站，是导航卫星系统地面运行控制的组成部分。北斗导

---

① 在卫星导航系统中，要求卫星钟和接收机钟保持严格同步。尽管卫星搭载了高精度的原子钟，但与理想的卫星时之间仍存在着偏差。为了保证定位和导航的精度，必须对卫星时钟偏差进行预报，并通过注入站以导航电文的形式注入卫星，然后提供给用户。
② 卫星星历是用于描述卫星在太空中的位置和速度的表达式。
③ 广域差分是在一个相当大的区域内，较为均匀地布设少量的监测站组成一个稀疏的网，各监测站独立进行观测，并将观测值传送给主控站，由主控站进行统一处理，以便将各种误差分离开来，然后再将卫星星历改正数、卫星钟差改正数以及大气延迟模型等参数播发给用户接收机。
④ 电离层存在大量的带电粒子，会使卫星信号的传播速度发生变化、传播路径产生弯曲，这种偏差即为所谓的电离层延迟。
⑤ 完好性是指卫星导航系统在不能使用时及时向用户发出告警的能力，是衡量卫星导航系统可靠性的重要指标。
⑥ 卫星导航电文是由导航卫星播发给用户的描述导航卫星运行状态参数的电文，包括系统时间、星历、历书、卫星时钟的修正参数、导航卫星健康状况和电离层延时模型参数等内容。

航卫星系统有3个注入站,分别位于北京、新疆喀什和海南三亚,其中北京站与主控站并址。

随着时间的推移,导航卫星上注入的卫星星历和钟差等参数均存在长期预报误差,需要定期进行参数更新,以便对电文参数进行及时校正,从而确保导航服务的性能。注入站承担了卫星电文参数和控制指令的注入功能,卫星与注入站的关系就如"风筝"与"线"的关系,当风筝在空中飞到一定时间后,需要地面利用风筝线对其进行位置和方向的校准,以保证风筝的正常飞行。如果没有注入站这根"线",导航卫星就像断了线的"风筝"。

注入站主要负责接收主控站送来的导航电文和卫星控制指令,在主控站的控制下将主控站推算和编制的卫星星历、钟差、导航电文与其他控制指令等,经射频链路上行注入相应卫星的存储系统,并监测注入信息的正确性(图4.16)。注入站通常包括测量与数传系统、时统系统。测量与数传系统的主要任务是完成卫星下行信号接收与测量、上行信号注入与发射、与主控站之间的数据传输等功能。时统系统主要为注入站提供统一的时间和频率基准。

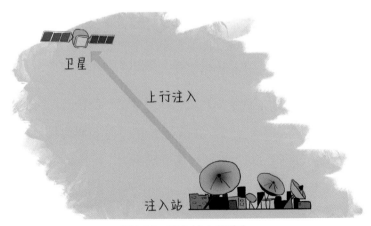

图4.16　注入站上行注入

导航卫星监测站是指导航卫星系统中对卫星实施监测和采集数据的卫星信号接收站。根据任务的不同，监测站可分为时间同步与轨道确定监测站和完好性监测站。

导航卫星监测站的主要任务是跟踪监测导航卫星信号，接收导航卫星电文，测量监测站相对导航卫星的距离、相位等观测数据，此外还采集监测站周围的气象数据，经预处理后发送给主控站，作为卫星定轨、时间同步、广域差分和完好性监测的依据。

主控站、监测站、注入站各司其职，卫星获得了自身正确的时间和位置信息，并以测距信号和导航电文的形式将这些信息传达给用户（图4.17）。

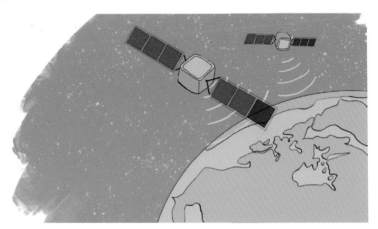

图4.17　卫星通过地面段获取自身的时间和位置信息

那么，具体怎样才能确定用户的空间位置呢？简单而言，要利用"三球交汇"原理（图4.18）。用户接收机在某一时刻同时接收3颗卫星信号，假设用户接收机至3颗卫星的距离分别为R_1、R_2和R_3，则用户接收机应该位于以该3颗卫星为球心，以R_1、R_2和R_3为半径的3个球面交汇处。3个球面交汇可能得到两个点，根据地理常识排除一个不合理点即得到了用户位置。而用户接收机与卫星之间的距离R是通过测量卫星信号从卫星发射出来至接收机接收到该信号所经历的时间t乘以卫星信号（电磁波）传播的速度c得出的。由于电磁波传播的速度c高达3×10^8米/秒，距离R要测到米级，时间t就需要精确到10^{-8}秒。卫星信号从卫星发射出来的时刻t_1可以由卫星上的原子钟①精确测量，而接收机接收到该信号的时刻t_2只能由接收机时钟测量，一般达不到10^{-8}秒的精度，所以t_2与t_1之差并不精确地等于时间t，而是还包含了卫星上的原子钟与接收机时钟的钟差Δt，如图4.19。

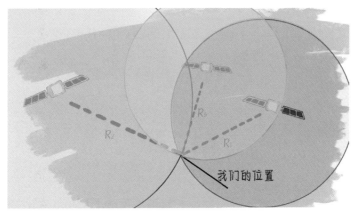

图4.18　卫星导航的"三球交汇"原理

图4.19　卫星钟与接收机钟之间存在钟差

① 我国天宫二号上放置的冷原子钟的时间测量已经可以精确到3 000万年只差1秒。

　　北斗系统提供的位置信息服务，输出结果为"经度、纬度、高程"或者"x，y，z"坐标，不管哪种输出形式，都是"3个参数"。或者说，要确定用户的空间位置，需要求得3个未知数。一方面，为了精确定位，我们可以将钟差Δt也作为未知数和空间位置一并解算，这样的话，要比较精确地定位，就至少需要接收到4颗卫星的信号。另一方面，钟差Δt和空间位置一起解算出来之后，用户就可以获得非常精确的时间信息，也就是说，北斗卫星导航系统还具备授时功能。如果在用户接收机的运动过程中，实时地进行空间定位，自然就知道了接收机的速度信息。

北斗卫星导航系统定位原理

　　实际上，有时候可能会出现一些特殊情况（图4.20），比如：4颗卫星中有3颗在一条直线上，造成不能解算位置；有的卫星被建筑物遮挡或者仰角太低，信号太弱甚至没有信号；还有其他一些干扰的影响，4颗卫星常常满足不了要求。可见卫星的数量尽可能多，才能保证定位精度。

图4.20　4颗卫星不一定能实现接收机的位置解算

4.5 组合导航

1. 各种导航技术的优缺点

以六分仪为代表的近代机械式导航和现代的惯性导航、无线电导航，各有优缺点。比如六分仪受天气的影响较大，不能在阴雨天使用，而且制造过程中会无可避免地引入机械误差。

惯性导航系统是不依赖于任何外部信息，也不向外部辐射能量的自主式系统[①]，隐蔽性好且不受外界电磁干扰的影响；可全天候、全球、全时间地工作于空中、地球表面乃至水下；能提供位置、速度、航向和姿态角数据，所产生的导航信息连续性好而且噪声低；数据更新率高、短期精度和稳定性好。但是其定位误差随时间而增大，长期精度差；每次使用之前需要较长的初始对准时间；设备的价格较昂贵；而且不能给出时间信息。

无线电导航不受时间、天气限制，精度高，作用距离远，定位时间短，设备简单可靠；但是必须发射和/或接收无线电波而易被发现和干扰，需要航行器外的导航台支持，一旦导航台失效，与之对应的导航设备就无法使用；同时，易发生故障。

2. ARJ21系列飞机的组合导航

实际上，为了保证导航的可靠性和精度，在很多重要的场合，比如飞机的飞行过程中，都采用多种方法进行组合导航。接下来，将以我国具有完全自主知识产权的ARJ21系列飞机为例，为同学们介绍现代飞机的组合导航技术。

---

① 自主式导航系统，顾名思义就是不用接收外部信息、能够完全依靠自己完成导航的系统。

ARJ21型支线客机是我国设计和研发，以全新机制、全新管理模式、全面应用数字化设计-制造技术研制的中短程支线涡扇喷气飞机，主要满足从中心城市向周边中小城市辐射型航线的使用。目前，成都航空有限公司和国内三大航空公司——中国国际航空股份有限公司、中国东方航空集团有限公司、中国南方航空集团有限公司都有ARJ21运营。因为和大飞机相比身材娇小，业内人士也亲切地叫它"阿娇"。

ARJ21导航系统主要由飞行环境数据系统、自主式定位系统、非自主式定位系统和飞行管理系统共4类分系统组成。它们主要用来引导飞机安全准确地沿着所选定的路线，准时到达目的地，同时向飞行机组提供保证飞机安全飞行和导引飞机按规定航线飞行的目视和音响信息。

飞行环境数据系统主要由全静压和全静温组成。根据空气动力学中伯努利原理，物体在流体中运动时，在正对流体运动的方向的表面，流体完全受阻，此处的流体速度为0，其动能转变为压力能，压力增大，其压力称为全受阻压力（简称全压或总压，用$p_全$表示），它与未受扰动处的压力（即静压，用$p_静$表示）之差，称为动压（用$p_动$表示），即$p_动=p_全-p_静$。ARJ21飞机有一种叫作皮托管的探头，能同时测得$p_全$和$p_静$，因此相应的$p_动$也能计算出来，然后经过机载计算机的解算，就能得到飞机相对于空气的速度。全/静压探头如图4.21。

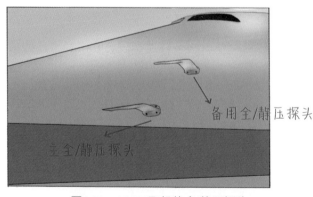

图4.21 ARJ21飞机的全/静压探头

我们知道，空气对物体的压力随着海拔升高而降低，根据这一原理，人们测得了$p_静$，然后加上用全温探头测得的空气温度修正，就能得到飞机相对于设定基准的高度。如图4.22。

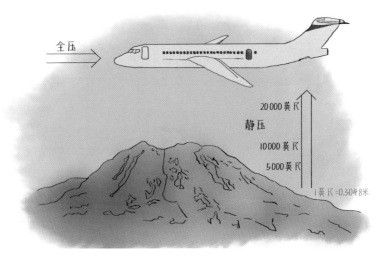

图4.22　静压测量高度示意图

ARJ21飞机上的自主式定位系统主要包括气象雷达、无线电高度表[①]、惯性基准系统和地形显示警告系统。非自主定位系统需要其他设备辅助配合飞机上的系统一起工作，主要包括甚高频导航系统、测距机、自动定向仪、空中交通管制、交通告警和防撞系统、全球卫星定位系统。按照各个系统的工作原理，除惯性基准系统外，其他系统其实都是利用无线电波沿直线以光速传播以及无线电波遇到障碍物或者不连续的介质会发生反射的特性来工作的。

ARJ21飞机装有两套完全能独立工作的捷联式惯导系统，每套系统包含两种惯性传感器：激光陀螺和加速度计。沿着飞机3个机体轴向俯仰

---

① 气象雷达和无线电高度表都通过发射电磁波经障碍物或地面反射后被飞机接收进行大气探测或测高，属于主动式测量设备。

轴、横滚轴、偏航轴分别安装1个加速度计和1个激光陀螺，测量飞机沿机体3个轴的线速度和绕机体3个轴转动的角速度。飞机3个轴向如图4.23。

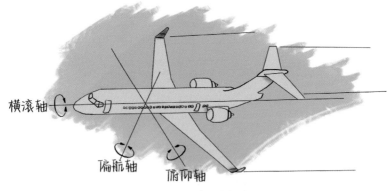

图4.23　飞机3个轴向

　　惯性基准系统还有一个重要步骤——初始校准，即需要赋予物体一个初始的位置和姿态信息。对于ARJ21而言，惯性基准系统默认采用来自全球卫星定位系统的信号，也可以由飞行员手动输入当前位置的经纬度信息。我们坐飞机的时候，如果留意，可以看到一个标有数字并带有经纬度信息的指示牌，它给出的信息就是当时停机位准确的经纬度信息，如图4.24。

图4.24　机场机位信息牌

3. 你的手机很可能也采用组合导航

日常生活中我们接触最多的导航设备应该就是智能手机或者手表了。这些设备一般都是利用全球导航卫星系统（GNSS）来完成定位导航的。具体采用哪个或哪些卫星导航系统，主要取决于设备中的芯片。前面已经提及，可见星的数量要尽可能多，才能保证定位和导航精度。因此，目前我国市面上绝大多数智能手机都可以接收四大全球导航卫星系统和日本发射的星基增强系统[①]信号。一定程度上，也可以说，这些手机采用了组合导航的形式。

你的手机到底能支持哪些导航卫星系统呢？咱们可以通过一些小工具，比如北斗伴、GPS Test等进行测试（图4.25）。

北斗伴下载网址

GPS Test下载网址

---

① 日本的多功能卫星星基增强系统（MSAS），是基于2颗多功能卫星的GPS星基增强系统，主要目的是为日本航空提供通信与导航服务。

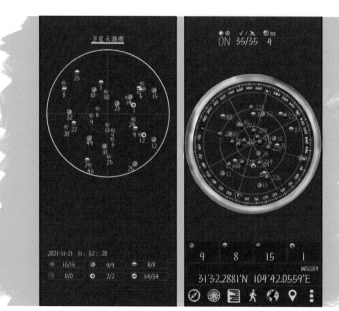

图4.25　用"北斗伴"和"GPS Test"测试手机能接收到的GNSS信号

第二篇

亮如灯塔　耀如北斗

第5章 "灯塔一号"计划

1957年10月，人类第一颗人造卫星上天。一颗名为"斯普特尼克1号"的苏联人造地球卫星正式拉开了人类进军太空的序幕。1964年1月，子午仪卫星系统开启了人类依靠卫星进行导航的时代。

1978年，美军开始实施GPS计划，中国科学家也没有停止过对中国定位导航卫星的探索。我国航天事业的奠基人——钱学森（图5.1）早在1965年1月8日，在向国防科委的报告《研制卫星打算》中，就明确提出"导航卫星——由卫星上发出无线电信标，舰艇可以利用信标的多普勒频移来测量自己的位置，可以将位置误差降到160米，是由舰艇发射弹道式导弹必须的措施"。

图5.1 中国航天之父——钱学森

1966年5月，我国制定的《发展中国人造卫星事业的十年规划》明确提出，在当时的历史条件和国际环境下，我国必须有所为、有所不为。该规划将卫星分为侦察卫星、导航卫星、通信卫星和载人飞船，史称"三星一船"规划。

中央电视台人物专题片
《钱学森》

　　1969年1月6日至2月5日，我国海军司令部受国防科委委托，在天津召开了卫星导航使用要求论证会议。会议认为，由于技术影响，近期内不可能满足潜艇部队水下导航的要求，可先发展水面卫星导航系统，以解决海军和一般用户的急需。1969年3月13日，国防科委确定导航卫星工程代号为"691"任务。

　　1970年11月，钱学森对导航卫星的技术方案进行了深入细致的审查。他建议，将我国的导航卫星命名为"灯塔一号"。此命名经批准后于1972年3月4日正式启用。从此"灯塔一号"卫星进入工程研制阶段，并于1973年列入国家计划。1977年4月，"灯塔一号"初样卫星达到了设计要求，6月转入模样研制阶段，9月进入正样研制阶段。根据研制进度要求，承担"灯塔一号"卫星设备研制的各单位，均在1980年6月以前完成了星上正样产品4套，这些正样产品也都验收合格。

　　按照流程，正样研制阶段通常研制一颗正检星和一颗发射星。正检星进行地面的各种鉴定试验（振动试验、热真空试验、电性能测试、电磁兼容性试验等），发射星只进行验收试验。正检星和发射星的技术状态完全相同。正检星的星上产品通过试验证明其技术状态正确，经受了鉴定试验的考验，可以作为发射星的备份产品，如发现问题，经修改、补做试验合格后，也可作为发射星的备份产品。"灯塔一号"采用类似美国子午仪卫星定位方式，卫星能始终指向地球，运行在极轨轨道上，4~5颗就能组成全球导航网络，设计定位精度约100米。可以说，到此时的"灯塔一号"，基本完成了研制历程，就等着上箭发射了。

　　遗憾的是，1980年12月31日，为了进一步贯彻调整方针和研制急用、实用卫星的原则，国家撤销了"灯塔一号"卫星研制任务，卫星完成环境试验后被封存，卫星资料归档。至此，历时12年的导航卫星研制中止。

虽然最终没有发射，但通过"灯塔一号"研制的工程实践，我国卫星导航工程队伍得到了锻炼，培养造就了一批高素质科研人员，积累了技术经验和技术储备。各系统特别是星上设备和地面跟踪测量设备等领域均获得一些有价值的成果，其中有些成果填补了国内空白。"灯塔计划"作为先驱者，如同黑夜中的一盏明灯，为后来北斗卫星导航工程的上马和其他型号卫星的研制打下了基础、提供了借鉴。

没有自己的卫星导航系统，我国每年不得不花费大量的资金，从国外引进卫星导航设备，其中1978年到1984年，仅这一项就耗资1 725万美元。更重要的是，卫星导航对国防安全意义重大。在国防上，可以用于飞机、火箭的实时位置、轨迹的确定和战场精密武器的时间同步协调指挥；使作战效能提高100~1 000倍，作战费效比提高10~50倍，作战费用交换比降低为1/20~1/100。如果靠美国"GPS"或者其他国家/地区的卫星导航系统，一旦战争爆发，中国导航将完全依赖甚至受控于外邦，大国安全将无从谈起。所以，建设自己的卫星导航系统，首先是守护我们这个崛起大国的安全的需要。此外，卫星导航事业能推进整体科技水平，还能对经济建设产生巨大的贡献，在科学研究、遥感、测绘、通信、智能交通、城市燃气管网、无人驾驶、农机导航、灾害监测等领域都可以发挥重要的作用。于是，我国下定决心，开始重新研制自己的卫星导航系统。

第6章　北斗"三步走"：从蹒跚到稳健

1994年，党中央、国务院和中央军委毅然决定，启动北斗一号工程。是一步到位、直接建设全球系统，还是分阶段、循序渐进？面对争议，我国人造卫星技术和深空探测技术的开拓者之一、"两弹一星"功勋、"北斗"导航系统总设计师、探月工程总设计师、"共和国勋章"获得者孙家栋院士（图6.1），带领北斗人创造性提出"分步走"发展战略，确定了"先试验后建设""先国内后周边""先区域后全球"的发展思路。

图6.1　中国北斗之父——孙家栋

孙家栋：书写北斗传奇

具体而言：北斗一号，建立世界首个基于双星定位原理的区域有源①卫星定位系统；北斗二号，在国际上首次实现混合星座②区域卫星导航系统；北斗三号，提出全球首个高中轨道星间链路③混合型新体制。北斗"三步走"战略如图6.2所示。

①什么是有源定位？请参见本书53页。
②北斗导航卫星组成了以地球静止轨道和倾斜地球同步轨道卫星为骨干，兼有中圆轨道卫星的混合星座。
③什么是星间链路？请参见本书82~84页。

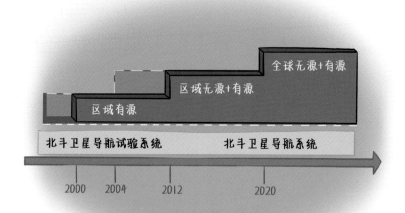

图6.2 北斗"三步走"战略

数说北斗建设三步走

6.1 第一步：北斗一号，解决有无

1. 北斗一号的运行轨道与发射列表

北斗一号是中国导航卫星探索性的第一步，因此也称作"北斗导航试验系统"。2000年10月和12月我国先后发射两颗地球静止轨道（Geostationary Orbit，GEO）卫星，建成系统并投入使用。

北斗一号的成功运行，标志着中国卫星导航系统实现从无到有，使中国成为继美、俄之后第3个拥有卫星导航系统的国家。2003年，发射第3

颗地球静止轨道卫星，增强系统性能。2007年发射的第4颗北斗一号导航卫星，替换了退役的卫星，进一步提高了北斗导航试验系统的可靠性，同时还进行了北斗卫星导航系统的有关试验。北斗一号具体发射卫星情况见表6.1。

表6.1　北斗一号卫星发射列表

卫　星	发射日期	运载火箭	轨道
第1颗北斗导航试验卫星	2000-10-31	CZ-3A	GEO
第2颗北斗导航试验卫星	2000-12-21	CZ-3A	GEO
第3颗北斗导航试验卫星	2003-05-25	CZ-3A	GEO
第4颗北斗导航试验卫星	2007-02-03	CZ-3A	GEO

GEO卫星轨道面和赤道面重合，定点于赤道上空，运动周期与地球自转周期相同，相对地面保持静止，所以称作地球静止轨道卫星。俗话说"站得高，看得远"，GEO卫星距地球35 786千米，轨道高，单星信号覆盖范围很广，而且具有良好的抗遮蔽性，在城市、峡谷、山区等具有十分明显的应用优势。北斗一号采用地球静止轨道卫星，可以保证以较少的卫星数就能成功构建覆盖我国的区域导航系统。其可接收信号范围东经一般为70度~140度，北纬一般为5度~55度。

2. 有源定位体制

北斗一号采用有源定位体制。所谓有源定位，是指用户不仅接收卫星信号，还可以向卫星发射信号，因而北斗一号除了能提供定位、授时服务之外，还可以提供其他卫星导航系统所不具备的短报文通信服务。

6.2 第二步：北斗二号，服务亚太

1. 北斗二号的服务区域

2004年，我国启动北斗二号系统建设。到2007年年底，我国成功发射了第一颗中圆地球轨道导航卫星，是北斗系统在技术上的重大突破。2012年10月，长征三号丙运载火箭，托举着第16颗北斗导航卫星从西昌卫星发射中心成功升空并顺利入轨，标志着我国建成了覆盖亚太地区的区域卫星导航系统。其服务区域北可以到俄罗斯境内，南到澳大利亚，东到关岛以东，西到伊朗境内。

2. 北斗二号的混合星座

和北斗一号采用单一类别的GEO轨道卫星星座不同，北斗二号和后续的北斗三号都采用不同类别轨道卫星组成混合星座。北斗二号由5颗地球静止轨道（GEO）卫星、5颗倾斜地球同步轨道（Inclined Geosynchronous Orbit，IGSO）卫星、4颗中圆地球轨道（Medium Earth Orbit，MEO）卫星共14颗卫星进行组网，如图6.3、图6.4。

IGSO卫星，与GEO卫星轨道高度相同，运行周期也与地球自转周期相同，但其运行轨道面与赤道面有一定夹角，所以称作倾斜地球同步轨道卫星。IGSO卫星信号抗遮挡能力强，尤其在低纬度地区，其性能优势明显。IGSO可与GEO卫星搭配，一定程度上克服GEO卫星在高纬度地区仰角过低带来的影响。由于我国地处北半球，GEO在赤道平面内运行，由于高大山体、建筑物的遮挡，在其北侧的用户难以接收GEO卫星信号，而IGSO卫星可有效缓解这一问题的影响。

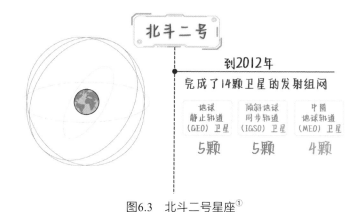

图6.3　北斗二号星座[①]

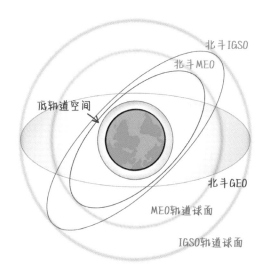

图6.4　北斗MEO/GEO/IGSO空间位置对比示意图

　　MEO卫星的轨道高度为21 528 千米，轨道倾角为55度，绕地球旋转运行，通过多颗卫星组网可实现真正的全球覆盖和更有效的频率复用。由MEO卫星组成的全球导航单一星座必须布满全部24颗卫星才能有效地投入运行，如要满足更高精度的需求，还要GEO卫星进行区域增强或大量增

_____

① 北斗二号共发射了 20 颗卫星（参见表 6.2），包括 2 颗试验卫星、14 颗组网卫星和 4
　颗备份卫星。最后一颗备份卫星于 2019 年 5 月 17 日发射成功。

加MEO卫星的数量。另外，如果全部采用MEO卫星，卫星的组网技术和控制切换等也比较复杂，要在全球范围内部署监测站，对监测系统提出了更高的要求。总之，单一MEO星座投资高，风险大。而采用混合星座可以绕过发展阶段技术瓶颈，充分利用现有技术条件，使系统具有较高的性能，使用最低的成本，满足不同精度的导航定位服务。

3. 无源与有源导航方式相结合

北斗二号采用无源与有源卫星导航方式相结合，可为用户提供定位、测速、授时和短报文通信服务。无通信需求的时候采用无源定位，有通信需求的时候采用有源定位。无源定位用户接收机不需要向卫星发射信号，克服了有源定位用户接收机[①]体积、重量、价格、功耗、隐蔽性等方面的不足。而有源定位功能能够保证在公共通信网络中断、没有其他卫星通信的情况下，为用户提供通信服务。

4. 北斗二号备份星

2016年3月和6月、2018年7月，我国先后发射了北斗二号的3颗备份星[②]。2019年5月17日，北斗二号卫星导航系统的最后一颗备份卫星（北斗二号GEO-8卫星）在长征三号丙运载火箭的托举之下飞向预定轨道，顺利完成了北斗二号卫星导航系统的收官之战。北斗二号卫星发射情况见表6.2。

---

① 严格地讲，有源定位的用户部分不能叫作接收机，应该叫作用户终端。
② 备份星是指在先导星工作失效的情况下，能接替先导星工作的卫星。

表6.2　北斗二号卫星发射列表

卫　星	发射日期	运载火箭	轨道
第1颗北斗导航卫星	2007-04-14	CZ-3A	MEO
第2颗北斗导航卫星	2009-04-15	CZ-3C	GEO
第3颗北斗导航卫星	2010-01-17	CZ-3C	GEO
第4颗北斗导航卫星	2010-06-02	CZ-3C	GEO
第5颗北斗导航卫星	2010-08-01	CZ-3A	IGSO
第6颗北斗导航卫星	2010-11-01	CZ-3C	GEO
第7颗北斗导航卫星	2010-12-18	CZ-3A	IGSO
第8颗北斗导航卫星	2011-04-10	CZ-3A	IGSO
第9颗北斗导航卫星	2011-07-27	CZ-3A	IGSO
第10颗北斗导航卫星	2011-12-02	CZ-3A	IGSO
第11颗北斗导航卫星	2012-02-25	CZ-3C	GEO
第12、13颗北斗导航卫星	2012-04-30	CZ-3B	MEO
第14、15颗北斗导航卫星	2012-09-19	CZ-3B	MEO
第16颗北斗导航卫星	2012-10-25	CZ-3C	GEO
第22颗北斗导航卫星	2016-03-30	CZ-3A	IGSO
第23颗北斗导航卫星	2016-06-12	CZ-3C	GEO
第32颗北斗导航卫星	2018-07-10	CZ-3A	IGSO
第45颗北斗导航卫星	2019-05-17	CZ-3C	GEO

6.3　第三步：北斗三号，全球组网

1. 北斗三号试验卫星

2009年，我国启动北斗三号系统建设。北斗三号由5颗试验卫星和30颗组网卫星组成。由于北斗三号导航卫星需采用许多新技术，为此，我国

在2015年至2016年陆续发射了5颗北斗三号试验卫星（表6.3）。北斗三号的5颗试验卫星不提供服务，主要作为技术验证。其先后验证了以高精度星载原子钟、星座自主运行等为代表的卫星载荷关键技术，以轻量化、长寿命、高可靠性为典型特征的卫星平台关键技术，和基于星地链路、星间链路、全新导航信号体制的导航卫星运行控制关键技术。

表6.3 北斗三号试验卫星发射列表

卫 星	发射日期	运载火箭	轨道
第17颗北斗导航卫星	2015-03-30	CZ-3C	IGSO
第18、19颗北斗导航卫星	2015-07-25	CZ-3B	MEO
第20颗北斗导航卫星	2015-09-30	CZ-3B	IGSO
第21颗北斗导航卫星	2016-02-01	CZ-3C	MEO

2. 北斗三号组网卫星与星座

2020年6月23日，随着第55颗北斗导航卫星进入预定轨道，北斗全球卫星导航系统星座部署圆满完成，该星座是由3GEO+3IGSO+24MEO构成的混合导航星座。24颗MEO卫星全球运行，支撑实现了全球覆盖和全球服务；GEO卫星和IGSO卫星各3颗组成的区域星座，既实现了对亚太区域良好的几何构型，也可在重点区域、遮挡区域等获得更好的星座性能，显著增强北斗在重点服务区的导航性能。北斗三号组网卫星发射情况见表6.4，星座如图6.5。

MEO卫星平均分布在倾角（轨道平面与赤道面夹角）为55度的3个轨道面上，相邻两个轨道面之间相隔120度均匀分布。每条轨道上的MEO卫星又间隔分布在轨道的各个相位，保证地球自转时，卫星能在时间和空间上同时均匀地扫过地表。3颗GEO卫星分别定点于东经80度、110.5度和

140度。3颗IGSO卫星轨道面几乎与MEO的3个轨道面重合，只是IGSO卫星轨道更高（和GEO卫星一样为35 786千米）。

表6.4　北斗三号组网卫星发射列表

卫　星	发射日期	运载火箭	轨道
第24、25颗北斗导航卫星	2017-11-05	CZ-3B	MEO
第26、27颗北斗导航卫星	2018-01-12	CZ-3B	MEO
第28、29颗北斗导航卫星	2018-02-12	CZ-3B	MEO
第30、31颗北斗导航卫星	2018-03-30	CZ-3B	MEO
第33、34颗北斗导航卫星	2018-07-29	CZ-3B	MEO
第35、36颗北斗导航卫星	2018-08-25	CZ-3B	MEO
第37、38颗北斗导航卫星	2018-09-19	CZ-3B	MEO
第39、40颗北斗导航卫星	2018-10-15	CZ-3B	MEO
第41颗北斗导航卫星	2018-11-01	CZ-3B	GEO
第42、43颗北斗导航卫星	2018-11-19	CZ-3B	MEO
第44颗北斗导航卫星	2019-04-20	CZ-3B	IGSO
第46颗北斗导航卫星	2019-06-25	CZ-3B	IGSO
第47、48颗北斗导航卫星	2019-09-23	CZ-3B	MEO
第49颗北斗导航卫星	2019-11-05	CZ-3B	IGSO
第50、51颗北斗导航卫星	2019-11-23	CZ-3B	MEO
第52、53颗北斗导航卫星	2019-12-16	CZ-3B	MEO
第54颗北斗导航卫星	2020-03-09	CZ-3B	GEO
第55颗北斗导航卫星	2020-06-23	CZ-3B	GEO

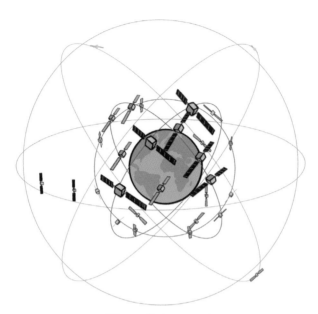

图6.5 北斗三号星座

北斗三号：30颗卫星3种轨道的混合星座

　　北斗星座的建设从一号覆盖我国，到二号覆盖亚太，再到三号覆盖全球，循序渐进，逐步扩展。北斗星座发展的过程，也是北斗系统"三步走"发展的过程，是"三步走"战略最具代表性的呈现。

　　北斗三号系统具备有源服务和无源服务两种技术体制，为全球用户提供基本导航（定位、测速、授时）、全球短报文通信和国际搜救服务，同时可为中国及周边地区用户提供区域短报文通信、星基增强和精密单点定位等服务。北斗多样化服务，在国际卫星导航领域独占鳌头，在全球卫星导航群星闪耀的星空里成为最闪亮的星。

3. 北斗"三步走"战略正式完成

北斗"三步走"发展战略，是结合我国国情和不同阶段技术经济发展实际提出的发展路线；北斗系统的成功实践，走出了在区域快速形成服务能力、不断扩展为全球服务，具有中国特色的卫星导航发展道路，丰富了世界卫星导航的发展模式和发展路径。从1994年到2020年，耗时26年，投入120亿美元，共发射59颗卫星，我国的北斗卫星全球导航系统"三步走"战略正式宣告完成。根据计划，2020年10月前，由北斗二号和北斗三号系统共同提供服务；2020年10月后，以北斗三号系统为主提供服务。中国航天人通过团结协作、拼搏奉献，创造了世界卫星导航系统建设领域新的中国奇迹，又一次有力彰显了不同凡响的中国风采和中国力量。

北斗"三步走"：
创全球组网中国速度

北斗三号收官发射
万亿市场大门将启

第7章　北斗一号：首创双星定位

7.1　双星定位的基本原理与实现

　　建造卫星导航系统，第一个要解决的问题就是：卫星该采用低、中、高哪种轨道？如果采用低轨道，单颗发射成本比较低，精度比较高，但若要覆盖全球则需要200颗卫星。如果采用高轨道，理论上3颗卫星就能覆盖全球，但定位精度会很低，而且高轨道卫星的发射难度大。美国采用了24颗中圆轨道卫星的折中方案。鉴于卫星导航定位在国民经济

图7.1　中国卫星测控技术的奠基人——陈芳允

和国防建设上具有重要的应用价值，中国卫星测控技术的奠基人、"两弹一星"功勋奖章获得者、"863"计划倡导者之一陈芳允院士（图7.1）认为，以我国当时的技术、经济状况，发展类似美国GPS的卫星导航系统难度较大，要走一条自身特色之路。能不能用尽量少的卫星资源建立中国自己的卫星导航系统？陈芳允于1983年首创双星定位方案[①]。这一大胆的设

---

　　① 第一篇中已经提及，根据三球交汇的原理，用户终端至少需要接收到 3 颗卫星的信号，才能解算出三维坐标；如果考虑用户终端的钟差，则需要 4 颗卫星信号。在论证和建设北斗一号时，考虑到国家经济困难，不得已采用双星定位的方案。

想，比美国K. G. 乔汉森1998年发表同一设想整整早了15年。

陈芳允：
浩瀚星空守望者

经过立项和预先研究，1989年9月25日，国防科工委组织测控部、总参测绘局、电子部成都十所和计量科学院等单位，利用我国位于东经87.5度和110.5度的两颗通信卫星，在北京进行了"双星定位系统"功能演示。经计算机处理参数，1秒钟后显示屏上就出现了这个用户的地理位置，误差在20米以内。次日，新华社为此发布消息说："利用两颗卫星将快速定位、通信和定时一体化，并获得理想的试验数据，这在国际上还是首次，快速定位精度达到了国际先进水平。这项卫星应用尖端技术，标志着我国独立开发利用卫星通信资源有了新的突破。"图7.2为第1颗北斗导航试验卫星发射纪念首日封上的图片。

图7.2　第1颗北斗导航试验卫星发射纪念首日封上的图片①

---

① 首日封指在邮票发行首日，贴用该种邮票并盖有首日普通邮戳或纪念邮戳的信封。这张图片是首日封的左边部分。

双星定位以最小星座、最少投入、最短周期实现了我国卫星定位导航的"从无到有"。2000年10月、12月相继发射成功的两颗北斗导航试验卫星是地球静止轨道卫星，分别定点于赤道上东经80度、140度（在图7.3中分别为A星和B星）。两颗地球静止轨道卫星的信号只能为用户提供两个距离方程。为此，双星定位法需要辅以其他手段，才能为用户定位。

北斗一号的导航信息的传播流程为：由地面中心发送一个无线电询问信号通过卫星转送给用户，若用户需要定位则应答这个信号，并再经卫星将应答信号返回到地面中心。地面中心接收到应答信号后，即可根据信号发送与接收的时间差计算出地面中心到卫星再到用户的距离。地面中心的位置是已知的、卫星的位置也可由轨道测量精确测定，于是就可以算出A星和B星分别与用户的距离。显然，用户一定位于定位时刻以A星和B星分别为球心、以A星和B星分别与用户的距离为半径的两个球面的交线圆弧上，同时用户也必然位于一个以地心为球心、以地心至用户的高度（该信息由地面中心给出）为半径的非均匀球面上。求解上述圆弧线与非均匀球面的交点，即可得到定位时刻用户位置的3个坐标值。

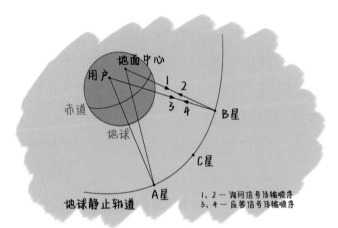

图7.3　双星定位基本原理

虽然北斗一号系统是一个比较初级的卫星导航系统，定位精度不高，系统用户容量也有限，但通过这个系统我们探索了卫星导航系统的原理，满足了国防和民用的基本需求，为未来北斗系统的进一步发展奠定了一些基础。北斗一号系统于2000年投入使用，使我国成为继美国GPS和俄罗斯格洛纳斯系统之后，全球第三个建成卫星导航系统并投入使用的国家。

2003年，第三颗北斗导航试验卫星发射成功，进一步增强了系统的性能。该卫星还是一颗技术试验星，搭载了一些新载荷，开始探索无源导航技术。

用不到GPS系统1/3的时间和1/4的经费，北斗导航卫星试验系统开创了中国卫星导航事业的新篇，为北斗卫星导航系统的研制和后续全球系统建设奠定了基础，也为中国航天培养了一支优秀的导航卫星研制队伍。

7.2　北斗一号的成功与不足

2011年1月18日，中国航天科技集团公司与总参测绘局共同组织召开了北斗导航卫星试验系统运行十周年纪念总结大会，对北斗导航卫星试验系统成功运行10周年的技术和管理经验进行了总结和交流。在北斗导航卫星试验系统组网运行的10年间，中国卫星导航事业得到了迅速发展，不仅在国防建设中发挥着巨大作用，还在交通运输、气象、石油、海洋、森林防火、防灾减灾、通信等多个国民经济建设领域得到了广泛应用，尤其在2008年汶川大地震救援工作中发挥了不可替代的作用，如图7.4所示。

2008年5月12日下午14时28分，汶川发生了里氏8.0级地震，由于震中受灾极其严重，通信、电力、交通全部都被破坏，抗震救灾指挥部完全无法与震中取得联系。

13日12时，总站值班监控屏幕上，一个红点跳入值班人员眼帘：

"灾区有人使用北斗了！"随着一声惊叫，大家的眼光聚焦到灾区的电子地图上，只见这个红点沿着马尔康、黑水的317国道急进汶川。"这是哪支部队？"卫星导航定位指控中心工作人员欣喜之后发出疑问。

"北斗一号"卫星定位导航系统虽然具备双向通信功能，但出于保密的原因，指控中心只能"看"到信号，不能解读定位终端发射信息的内容。最后查到，这确实是一支武警救援部队奉命前往灾区。随即，一条条信息涌入指挥大厅的屏幕上："我支队已于11时以摩托化向成都方向机动""美英法等国游客被困卧龙人员安全""卧龙特区请求空投帐篷和药品"……

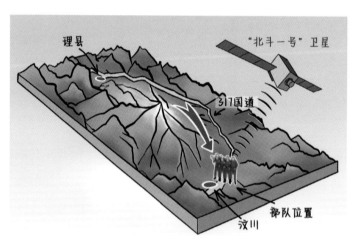

图7.4 北斗一号在2008年汶川地震救援时大显身手

14日，总站受命派出北斗导航应急分队，携带近千台用户机紧急奔赴灾区，救援部队借此发送了74万条短信，迅速架起军队抗震救灾指挥部与灾区一线各级指挥机构的沟通桥梁，实现了抗震救灾的顺畅指挥。之后，安装在唐家山堰塞湖的北斗水文监测系统，不断传回最新水情数据，为排险提供可靠决策依据；加装在抗震救灾直升机上的北斗装备，有效解决了山区复杂环境下航迹监视、通信联络等问题，提高了飞行安全系数。

　　北斗一号已经达到了设计指标，工程是非常成功的。假如没有国际海事卫星和GPS卫星的话，既能定位又能通信的北斗一号一定是光芒四射的。但是，北斗一号在定位精度（未校准精度100米）、用户容量、定位的频率次数、隐蔽性等方面均受到限制，用户终端在体积、重量和功耗方面也处于不利地位（图7.5）。此外，北斗一号无测速功能，不能用于精确制导武器。因此，要不要继续研制北斗系统，曾一度引起争议。

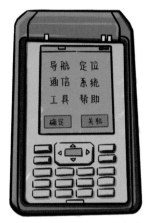

图7.5　北斗一号用户终端

第8章 北斗二号：突破技术壁垒

8.1 毅然决然独立自主建设全球卫星导航系统

2003年的欧洲，处处弥漫着反美反战情绪。美国执意执行单边主义外交政策，不顾国际社会反对，悍然发动伊拉克战争，欧洲人感受到了"单极世界"引起的潜在危险。时任法国总统的希拉克，主张建立"多极化世界"，他的呼声得到时任德国总理施罗德的坚决支持。在这样的背景下，欧盟决定把中国纳入欧盟2002年就已启动的"伽利略计划"中。当时的北斗系统尚处于试验开发阶段，其技术参数落后于GPS和"伽利略计划"，而且北斗一号只能进行有源定位，民用普及度也十分有限。在此背景下，欧洲人主动"邀请"中方加入全球卫星导航系统的建设。虽然我国有了北斗一号，但是如果能够在合作中学习到西方国家的先进技术与经验，对我国卫星导航技术的发展，无疑有极大的帮助。本着对高科技的渴求，我国以极大的诚意与欧方在2003年草签合作协议，2004年中欧正式签署技术合作协议，中国由此成为参加伽利略计划的第一个非欧盟成员国，承诺投资2.7亿美元参加项目开发，是中国当时最大的对外科技合作项目。当时的科技部副部长在协议签署后的新闻发布会上说，中方不仅从资金、技术上参与合作，而且在未来应用方面将为伽利略计划开辟巨大的市场。但是，协议规定公共特许服务中的加密信号并不提供给非欧盟的使用者。

2005年，"伽利略计划"首颗中圆轨道试验卫星运载火箭顺利升空，标志着该计划从设计向运转方向转变。然而，进入2005年，亲美政治人物在欧洲各国纷纷上台，欧洲迅速向美国靠拢——欧洲航天局同意修正之前拟定的与美国GPS相近的发射频率，以便投入使用后将产生信号冲突的可能性降至最低限度。但这样的技术重新修正，却花掉了预算之外的一大笔钱。欧盟为"伽利略计划"的财政和利益分配吵成一团。也是从这个时候开始，欧盟开始排挤中国。

2007年，欧洲全球导航卫星系统局主张维护欧盟的主导权，中国在伽利略计划中的发言权由此被进一步削弱。2008年7月，欧洲航天局以不公平竞争、缺乏知识产权保护等为由，将中国承包商排除出伽利略第二阶段的竞标，把和中国的合作变成了中国出钱，欧洲研发成功后，中国购买服务。中国不但进不到"伽利略计划"的决策机构，甚至在技术合作开发上也被欧洲航天局故意设置的障碍所阻挡。

中国最终毅然决然走上了独立自主建设全球卫星导航系统的道路。

8.2　国产星载铷原子钟的突破与卫星频率保卫战

北斗的发展之路是一条突破技术壁垒之路。当时的研制工作面临很多难题：首先，这是一个多星组网系统，必须通过批量生产和密集发射保证其效应的发挥，但生产能力和长寿命问题是巨大考验；其次，导航系统要提供连续稳定的服务，任何一个小部件的质量问题都会对整个北斗导航星座产生影响，造成服务中断，因此必须保证零缺陷；再次，卫星系统采用许多新技术、新器件、新工艺，攻关难度巨大；最后，研制队伍非常年轻，缺乏完整的系统知识和工程经验。在这些难题中，研制国产星载原子钟又是最大的困难。

星载原子钟是卫星导航定位系统的核心，为卫星系统提供高稳定的时间频率基准信号。其输出的时间频率信号的稳定性直接决定着定位和导航精度，原子钟在无地面监测站进行校准的情况下，可为导航卫星系统提供一定时期的时间自主保持能力。20世纪六七十年代，我国开始了对铷原子钟的

铷原子钟研制团队：让北斗卫星的"心脏"300万年差1秒

研究，却只停留在理论和地面研究阶段。中国当时没有制造星载原子钟的技术，原准备从欧盟采购。然而，在签订合同的前夕，欧盟推翻了协议，为的就是阻止中国人制造导航系统，进而避免与"伽利略"导航系统竞争。可敬的北斗人并没有被这个打击所影响，而是迎难而上。北斗项目组启动了3支队伍同时进行公关。航天科技集团五院西安分院研制成功的我国第一台星载铷钟，精度达到10万年差1秒。在2006年发射的"实践8号"育种卫星（图8.1）上成功进行搭载试验，标志着我国具备了独立自主开展星载铷钟研发的能力，打破了少数航天强国对星载原子钟的垄断。团队来不及庆祝，就投入到了北斗二号首发星的研制任务中。

导航卫星需要拥有对应的频段才能上天工作。一旦频率被占用，其他卫星就不能再使用，然而优质的频段稀缺有限。卫星频段的使用必须遵守《国际电信联盟组织法》《国

图8.1 "实践8号"育种卫星返回舱

际电信联盟公约》及国际电信联盟（ITU）《无线电规则》《程序规则》《建议书》和联合国大会通过的《各国探索和利用外层空间活动的法律原则宣言》《关于各国探索和利用包括月球和其他天体在内外层空间活动的原则条约》等。ITU将S频段给了导航卫星。根据规定，任何国家或组织都可以申请导航频率，第一个申请的有优选使用的权利，其他国家或组织也可以申请，遵循"先到先得"和"逾期作废"的原则。在国际电信联盟组织备案7年内发射卫星并在地面接收到信号才可以占用，否则被收回。换言之，大家都可以申请，但谁先发射卫星并使用了这个频率，为了防止出现相互干扰的现象，其他国家或组织就无法使用这个频率。卫星导航黄金频段已被美俄占去，只余一小段频率资源。2000年4月18日，我国向国际电联申请1 616兆赫、2 492兆赫两个频率。这两个频率是次优于美国和俄罗斯使用的频率。要使用这些频率，中国必须在2007年4月18日零点之前成功发射导航卫星并成功播发信号。否则，其他定位系统就会占用这两个次优的频率。而在我国第一台星载铷钟产品研制成功后，留给北斗二号首发星的时间只有不到1年。

2007年4月11日，北斗二号首颗卫星（也是我国第一颗"中圆轨道"卫星）随火箭进入发射架。然而由于发射前出现故障，团队紧急抢修了三天三夜。4月14日凌晨4时11分，火箭终于升空，卫星开始变轨调整。4月17日晚8时，就在最终期限前4个小时，卫星信号从两万千米外的太空传回。从此，北斗卫星拥有了这两个频率的永久使用权。航天科技集团五院西安分院研制的铷钟随着我国北斗二号飞行试验星飞入太空并成功开通、锁定，为我国北斗二号导航系统占据频率资源立下赫赫战功，并彻底化解了北斗工程建设的最大瓶颈问题。这颗卫星的发射成功，标志着我国自行研制的北斗卫星导航系统在技术和规划上的重大突破。

北斗二号首发星的成功（图8.2为发射纪念首日封），也拉开了铷钟全面国产化的序幕。2012年，在北斗二号后期发射的卫星中，改变了以往的国产化铷钟为主钟、进口铷钟为备份的模式，国产化铷钟（图8.3）正式全面取代进口铷钟，精度提高到了每300万年才会差1秒。

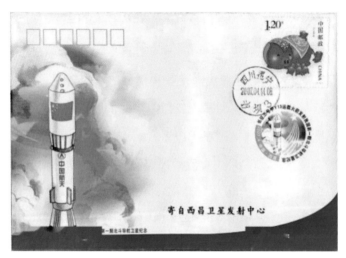

图8.2 北斗二号首发星发射纪念首日封

图8.3 星载铷原子钟

8.3　中国进入卫星导航领域的第一集团

2010年1月17日，北斗二号第3颗卫星（也是第1颗正式组网的卫星）发射成功（图8.4）。第16颗北斗卫星于2012年10月25日的成功发射，意味着北斗二号已完成组网。北斗二号在覆盖亚太地区定位精度能达到10米，测速精度优于0.2米/秒，授时精度优于50纳秒。其定位精度等技术参数与GPS民用信号相当，而且继续保留了独有的短报文通信功能。

中国的全球导航计划在蹒跚起步时，一度还托庇于欧洲的"伽利略"计划下寻求分享技术，然而没有任何力量能够阻挡中国人民实现梦想的步伐。正是一代又一代北斗人只争朝夕、不断突破技术壁垒，才让中国在卫星导航领域从北斗二号组网开始逐渐进入领跑世界的第一集团。

图8.4　北斗二号第3颗卫星（首颗组网卫星）发射成功

第9章　北斗三号：坚持自主创新

　　2017年11月5日，北斗三号的首批组网卫星以"一箭双星"的发射方式顺利升空，我国正式开始建造北斗全球卫星导航系统。2020年6月23日，我国在西昌卫星发射中心用长征三号乙运载火箭将第55颗北斗导航卫星送入预定轨道（图9.1为发射纪念首日封）。不到3年时间，北斗三号全部30颗组网卫星发射完毕，标志着北斗全球卫星导航系统星座部署全面完成，中国北斗"三步走"战略至此圆满完成。

图9.1　北斗卫星导航系统第55颗卫星发射纪念首日封

西安卫星测控中心：
为最后一颗北斗三号卫星保驾护航

北斗"收官之星"成功定点
8天长途跋涉5次变轨

"北斗星座"闪耀太空
北斗三号"天团"太空集结完毕！

与北斗二号相比，北斗三号的服务区域扩大到全球。这意味着，从此以后，无论我们在地球上走到哪里，始终都会有北斗的陪伴。北斗三号卫星采取了多项可靠性措施，单星设计寿命由以前的8年提高到10至12年，达到国际导航卫星的先进水平，为北斗系统服务的连续、稳定提供了基础保证。北斗三号的精度也有很大提高。根据测算，北斗三号全球范围水平定位精度优于9米、高程定位精度优于10米，测速精度优于0.2米/秒，授时精度优于20纳秒，服务可用性优于99%，亚太地区性能更优。通过遍布全国2 600个地基增强站组成的地基增强系统，可提供米级、分米级、厘米级等增强定位精度服务[1]。短报文服务在全面兼容北斗二号基础上，容量提升10倍，用户机发射功率大大降低，能力大幅提升。

作为国之重器，自主创新是北斗的必由之路。坚持自主创新，使北斗之路越走越自信。秉承"探索一代，研发一代，建设一代"的创新思路，

---

[1] 通过利用测地型 GNSS 接收机、采取"同步观测同一组卫星"的观测方法，然后求不同观测站之间的坐标差，从而消除大部分定位误差，相对定位精度可以达到毫米级甚至亚毫米级。

中国北斗始终把发展的主动权牢牢掌握在自己手中，以志不改、道不移的坚守拼下累累硕果。北斗三号系统在研发中克服了数百个关键技术，核心器件国产化率达到100%，基础产品实现自主可控，在时频、星间链路、信号设计等3个方面实现了技术突破。

9.1　中国"芯"

缺少"中国芯"，一直是困扰我国高科技领域的一块"心病"。对于北斗系统工程建设和应用来说，拥有国产芯片，对于确保安全性、稳定性、可靠性至关重要。

1. 北斗终端芯片国产化

对于北斗导航终端来说，最关键是两个"芯"：一是射频芯片，二是基带芯片。其中，射频芯片负责接收北斗导航卫星发射的信号，并将其放大变成数字信号，而基带芯片读出位置以及时间信息。

2008年2月，我国首颗自主开发的完全国产化的卫星导航基带处理芯片"领航一号"面世。这颗芯片于2006年起开始研制，由复控华龙和复旦微电子合作完成，它不仅完全实现了国产化，而且性能和造价明显优于国外产品。2008年3月，西安华迅公司研制成功第二代多星座、全频点导航射频芯片，芯片全面覆盖GPS、北斗、伽利略、GLONASS导航系统的所有频点，并且适用于第三代移动通信环境下对低功耗、抗干扰要求非常严格的手机应用。2010年9月25日，和芯星通正式发布了自主研制的拥有完全自主知识产权的国内首创的多系统多频率卫星导航高性能SoC芯片NebulasTM，这颗芯片支持当时所有的卫星导航系统及其全部频率，还可以更广泛地应用于高精度和涉及国家安全的领域。

随着"北斗二号"一步步走向完善，北斗导航芯片迎来了一个前所未有的绝佳机遇——消费电子。越来越多公司朝着更小尺寸、更低功耗、更高集成度、更高定位精度、更高性价比的方向，在不同领域取得了突破和进步。2013年，东莞泰斗微电子发布了采用55纳米工艺，集成了射频、基带与闪存的"三合一"SiP单芯片的北斗2/GPS双模基带芯片TD1020。2014年，中兴通讯采用泰斗微电子TD1020的北斗、GPS导航三防智能手机G601U完成了第一批商用机的量产，这意味着北斗芯片进入了智能手机时代。2015年，梦芯科技研发出了首颗40纳米高精度消费类北斗导航定位芯片，相当于在1/5一角钱硬币大小的硅体上，实现近千万的运算和存储单元，可广泛用于北斗导航和消费类导航，并能智能跟踪。这颗芯片获得了"2016卫星导航定位科学技术奖一等奖"。2017年，和芯星通首发了28纳米北斗芯片Firebird（图9.2）。北斗终端芯片逐步实现了全面自主研发，并且在性能、制程等多方面走在了全球领先的地位。

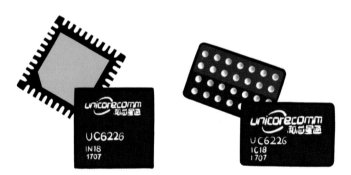

图9.2　和芯星通研发的火鸟系列芯片之一
——UFirebird UC6226/UC6228CI

如今，和芯星通、振芯科技、泰斗微、众合思壮、杭州中科微、华力创通、东方联星、华大北斗、武汉梦芯、航天华讯、金航标和天工测控等一大批国内企业国产芯片撑起了外太空的强劲信号，卫星导航的"中国时代"正在到来。2021年5月18日，中国卫星导航定位协会发布了《2021中国卫星导航与位置服务产业发展白皮书》。白皮书显示，支持双频双模的22纳米北斗导航定位芯片完成了各项关键性能的验证，已经进入量产阶段；截至2020年年底，国产北斗兼容型芯片及模块销量已超过1.5亿片；2020年国内厘米级应用高精度芯片、模块和板卡的总出货量高速增长，突破100万片。

北斗就在你我身边
手机、汽车、轮船、飞机等都使用北斗芯片

2. 北斗卫星芯片国产化

航天技术是衡量一个国家现代化水平和综合国力的重要标志，集成电路则是支撑信息产业发展和保障国家安全的战略性、基础性和先导性产业，特别是宇航用集成电路是航天的"芯魂"，是航天和武器电子设备中采用的最重要的核心组成部分。无大气层保护，集成电路极易被宇宙射线干扰而出现功能故障，芯片要"抗辐射加固"后，才能在太空工作。集成电路抗辐射加固技术是航天的核心共性基础技术。

2015年3月发射的第17颗北斗导航卫星上（北斗三号首颗试验卫星[①]），首次使用了中国制造的"龙芯"抗辐射芯片。卫星上有3个被称为"单机"的黑盒子，每个约有4本400页的32开图书摞起来那么大。其中两只黑盒子里，每只装了2片龙芯1E芯片（图9.3）和4片龙芯1F芯片。

---

① 北斗三号共发射了5颗试验卫星，参见表6.3。

龙芯1E负责进行常规运算，龙芯1F完成数据采集、开关控制、通信等处理功能。

图9.3 龙芯1E芯片

2015年7月，第18、19颗北斗导航卫星发射入轨。这是两颗首次成体系地、批量使用国产芯片的中国卫星。在这两颗卫星上，100%使用了中国航天科技集团公司九院772所（北京微电子技术研究所）（图9.4）研制的宇航CPU芯片（图9.5）。宇航CPU是卫星的核心芯片，任务是接收地面指令、处理载荷数据、管理控制姿态等，相当于卫星的大脑。宇航级CPU一直是芯片中的"钻石皇冠"，芯片史上最贵的芯片产品，几乎都是宇航级芯片。除了宇航CPU 100%自主研发外，第18、19颗北斗导航卫星的数据总线电路、转换器、存储器等芯片也均为国产，整星的芯片国产化率达到98%。

到了2017年11月首次发射的北斗三号组网卫星（第24、25颗北斗导航卫星），我国已经实现了整星芯片100%全国产。其中包括自主研制的抗辐照四核CPU芯片SoC2012，以及具有自主知识产权的操作系统SpaceOS2，与国际同类产品的最高水平相当。772所的抗辐射加固技术获得了国家技术发明奖一等奖，这也是元器件领域获得的最高国家奖励。

图9.4　九院772所外景

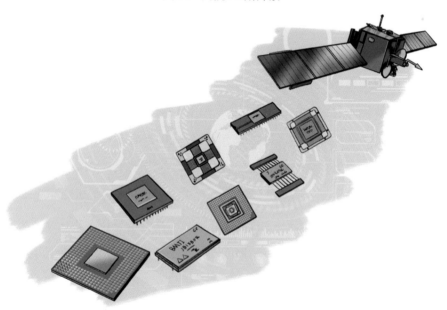

图9.5　九院772所研制生产的系列芯片

　　肩负为国铸芯、为航天造芯的光荣使命，772所怀抱着"用芯创造、精芯服务"的一片初心，打造出国内航天微电子产业的良好生态环境。"航天芯"表现越来越出色，不仅已在我国北斗导航、载人航天、探月等重大航天工程中使用，并且进入了国际市场。772所逐步发展成为国内宇航集成电路设计的引领者、我国宇航元器件国际化的先行者以及国内高可靠集成电路技术的践行者，走出了一条"自力更生、自主创新"的奋斗之路。

9.2　新型高精度铷原子钟和氢原子钟

原子钟是北斗卫星导航定位系统的心脏，它为卫星系统提供高稳定的时间频率基准信号，决定了导航系统的导航定位、测速及授时的精度，是一个国家能否具备独立发展导航系统能力的核心技术之一。

原子钟是利用"磁共振"技术锁定的超精细能级跃迁频率来实现基准频率输出的，其工作原理涉及量子力学、电学、热学以及光学等学科，指标要求相当苛刻，在航天系统中属于研制难度最大的产品之一，被称为北斗导航卫星"可歌可泣"的产品。

目前星载原子钟分为氢原子钟、铷原子钟和铯原子钟，其中：氢原子钟稳定度指标最优，但研制难度也最高；铷原子钟具有体积小、重量轻、功耗低、技术难度较低、可靠性高等优势，为目前各国导航系统普遍采用；铯原子钟使用寿命短，但最大优势是具有低漂移特性。中国航天科工集团二院203所是中国目前唯一同时具备铷、铯、氢三种原子钟研制能力的单位。

2015年9月30日，203所首台氢钟上天。通过近两年的在轨性能验证，星载氢钟实现了跨越式发展。2018年1月随北斗三号第三、四颗组网卫星搭载的氢原子钟，可使北斗导航系统实现更高的定位精度、全球覆盖及较长的自主导航能力，显著降低北斗导航系统全球应用时的校时压力。而北斗三号第五、六颗组网卫星上则开始装载203所研制的高精度星载铷原子钟。与北斗二号卫星采用的原子钟相比，北斗三号上的原子钟在产品体积、重量方面大幅减小，每天的频率稳定度提高了10倍，综合指标达到国际领先水平。北斗采用的新型氢原子钟、甚高精度星载铷钟以及原子钟的无缝切换技术，直接推动了"北斗"系统的定位、测速和授时精度提高一个数量级。如图9.6、图9.7。

图9.6　国产北斗三号星载铷原子钟

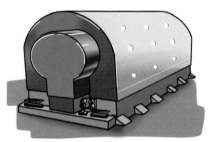

图9.7　国产北斗三号星载氢原子钟

9.3　星间链路

北斗在区域拓展过程中，碰到的第一个拦路虎是如何去海外建站。海外建站，周期长、国际上的协调难度大，似乎是一个短期不能攻克的难关。于是，我们的科研人员就将目光投向了空中。既然很难在其他国土上建设地面站，为什么不把这项工作放到卫星上去做呢？这就是北斗导航卫星的星间链路（图9.8、图9.9）。简单来讲，就是通过在卫星间打通一条通道，让卫星和卫星之间能够星连星、手拉手。

创新的北斗：星间链路全面验证

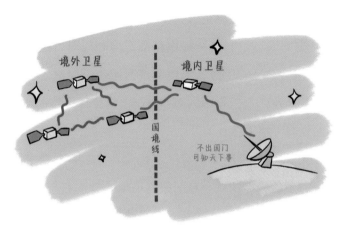

图9.8　"星间链路"使北斗系统不依赖全球建站

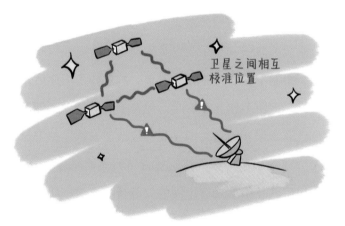

图9.9　即使与地面中断联系，北斗卫星也能继续提供服务

　　两颗卫星相距5万到7万千米，仿佛就是浩瀚宇宙中的两颗尘埃。北斗的星间链路技术让这样两颗尘埃，在100毫秒里，相互捕获、锁定，并且发送信号。它们可以经常交互时间和轨道的信息。基于星间链路的北斗卫星，能够在一段时间内，通过相互校准来维持自主运行。

　　通过星间链路，所有在轨北斗卫星连成一张大网，相互间可以"通话"、测距，能自动"保持队形"，只要有一颗卫星在中国领空，所有卫星便能通过它联系到国内地面站。这不仅可以减小地面站规模、减轻地面管理维护压力，而且还使卫星定位精度大幅提高。即使地面站全部失效，北斗导航卫星也能通过星间链路提供精准定位和授时，地面用户通过手机等终端接收导航卫星的信号，仍旧能进行定位及导航。凭借这一"绝活"，北斗三号实现了仅依靠国内布站情况下对全球星座的运行控制，全球服务能力与世界一流系统比肩。

伴随着北斗三号卫星从无到有、实现北斗核心技术攻关的，是一支平均年龄只有33岁的青年团队。星间链路一个关键技术方案的提出者康成斌，当年只有29岁。据康成斌介绍，在他读博士期间，花几年时间做了一台导航接收机，当时所接收的信号，大部分都是美国GPS的信号。我们国家当时仅有的几颗卫星的信号，在那个屏幕当中显得特别的孤单。他觉得中国卫星导航系统的瓶颈，实际在卫星研制上。所以他当时就立志要加入北斗导航团队，研制中国的北斗导航卫星。27岁博士毕业后，康成斌来到中国航天科技集团五院工作。29岁时，他希望能够做一颗模拟卫星去进行测试验证。令他非常诧异的是，领导真的建造了一颗模拟卫星，让他去做测试验证。全方位的政策支持，让这支青年科研团队放手去干，历时5年攻关，终于取得了北斗卫星全球组网的关键技术突破。研发团队率先提出国际上首个高中轨道星间链路混合型新体制，形成了具有自主知识产权的星间链路网络协议、自主定轨、时间同步等系统方案，填补了相关领域国内空白。

9.4　全新的信号体制

卫星导航系统使用双频信号可以减弱电离层延迟的影响。使用三频信号可以更好地消除高阶电离层延迟影响，增强数据预处理能力；而且如果一个频段信号出现问题，可利用另外两个频段进行定位，提高了系统的可靠性和抗干扰能力。北斗系统是全球第一个提供三频信号服务的卫星导航系统①。北斗二号在B1、B2和B3三个频段提供B1I、B2I和B3I三个公开服务信号；其中，B1频段的中心频率为1 561.098兆赫，B2为1 207.14兆赫。北斗三号在B1、B2和B3三个频段提供B1I、B1C、B2a、B2b和B3I五个公开服务信号；其中，B1频段的中心频率为1 575.42兆赫，B2为1 176.45兆赫。北斗二号和三号B3频段的中心频率均为1 268.52兆赫。北斗三号向下兼容北斗二号B1I、B3I信号，增加了B1C、B2a两个新信号。B1C、B2a信号带宽更宽，测距精度更高，与世界其他卫星导航系统的兼容性更好。

作为中国卫星导航重大专项导航技术专家组组长单位，国防科技大学导航与时空技术工程研究中心北斗团队（图9.10、图9.11）攻克了一个又一个的科研难关。1994年国家批准"北斗卫星定位导航工程"上马。正在国防科技大学攻读博士学位的王飞雪、欧钢、雍少为获悉，北斗系统中一项关键技术十年攻关未成：信号快速捕获与稳定跟踪成为系统"瓶颈"。1995年，3名年轻博士用薄薄的几页写着一些攻关思路的纸，令陈芳允院士和孙家栋院士眼前一亮。1998年，他们攻克全数字化快速捕获与信号接收的世界难题，王飞雪时年仅27岁。作为国防科技大学卫星导航学科的主要创立者和学术带头人之一，王飞雪带领团队从3个人的课题组发展为近300人的北斗建设国家队，承担完成数十项重大关键技术攻关和型号装备研制任务，被北斗系统总设计师孙家栋院士誉为"李云龙式的团队"。

2007年，我国北斗二号第一颗卫星发射升空后，遭遇强烈电磁信号干扰，无法正常通信。面对困境，国防科大北斗团队用3个月打造出卫星电磁防护"盾牌"。

---

① 美国的GPS于2021年5月28日发射了第一颗三频卫星，但全部更换为三频卫星还需要一段时间。

图9.10 国防科技大学导航与时空技术工程研究中心的研究团队

2006年，国家准备对北斗一号导航系统体制进行升级。当时北斗一号已成功运行多年，大家一致主张继续沿用原来的技术指标和基本参数。但王飞雪敏锐地意识到，这是服务性能全面升级的绝佳机会，如果仅仅是单纯的硬件更新，系统性能效果提升不会有质的飞跃。

王飞雪和团队大胆提出了一套最新的编码理论改造应用方案。经过论证后应用到北斗二号上，带动了整个北斗短消息服务系统效能的跃升：所有的终端设备功耗降低一半，抗干扰性能提升一倍，各项参数达到最优值。北斗二号系统正式面向亚太地区开通服务时，党中央、国务院、中央军委联合发来贺电，对国防科技大学北斗团队予以表彰。

北斗三号建设阶段，王飞雪率领团队再次亮剑——实现任务全体制、全系统、全链路技术覆盖，使北斗系统信号收发更好、授时定位更准、服务精度更高、发射功率更低、服务容量更大、终端设备更小。

图9.11　国防科技大学"北斗"楼见证了北斗人追寻梦想的漫漫征程

9.5　新型导航卫星专用平台

基于功能链的北斗三号专用导航卫星平台技术体系，实现了跨越发展的目标。经国际组织评估，北斗三号卫星平台的多项核心指标，不论是抗冲击能力，还是载荷平台比，以及姿态控制精度、轨控中断次数、平台自主定轨等，在同类卫星中都整体处于国际领先水平。

1. 高耐冲性

作为世界上唯一的由3种轨道卫星构成的导航系统，北斗三号中圆地球轨道（MEO）卫星采用了新型的导航卫星专用平台。该平台主要由中科院微小卫星创新研究院导航所研制，具有功率密度大、载荷承载比重高、设备产品布局灵活、功能拓展适应能力强等技术特点，可为系统后续功能和需求拓展提供更大的适应能力，实现卫星导航系统的定位、授时和导航的服务业务，兼容天基数据传输、新业务载荷的在轨应用，能作为天基数据传输网络的广播节点。北斗三号的MEO卫星均采取"一箭双星"的发射方式，星箭分离的冲击高达6 000克，这就要求卫星平台这辆"车"具有高耐冲性。而高精度分离冲击理论分析是一道世界难题，以往算出来的精度都很低，试验匹配度也差，只能不断地试错。研制团队通过与其他大学合作，提出了融合式的直接积分冲击分析法，数据偏差小于15%，平均精度是传统分析方法的1.7倍。科学家们还发明了吸冲隔冲的双层递进抗冲击结构，相当于在星箭分离接口安装了"防撞角"，在结构架的连接处用了"减速坡"，降低了80%的冲击，舱内实测最大冲击从6 000克减少到460克。通过上述措施解决了卫星与运载上面级分离冲击的难题。

2. 高精准性

星间链路是北斗三号从区域走向全球的关键，这就需要卫星平台控制的"高精准"，即轨控精度要高、轨控次数要少、轨控影响要小。

地球运行到太阳和北斗卫星之间时，会短时遮挡太阳光，在黑暗和光明切换的瞬间容易引起导航服务中断，导航的精度也会发生相应变化。

研制人员首次提出了高精度姿轨联合控制技术，使得过去由于轨道调控引起的导航服务中断，从一两年一次，变为7年一次，而且星座中的卫星是轮流进行调控，用户根本感觉不到导航精度的极细微变化。

过去卫星需要通过观察地球、太阳和星星，来确定姿态，现在只需要看星星就可以实现了。由于在国际上首创了基于单星敏定姿的全动偏导航卫星姿态控制技术，北斗卫星实现了姿态控制精度优于0.03度的目标。

此外，我国还首次提出了基于面阵校正的多源融合自主天文导航技术，实现了不依赖地面的卫星长期自主轨道确定。

3. 高可靠性

北斗三号卫星组网的稳定运行，需要卫星平台的高可靠性。相比北斗二号卫星平台质量2 160千克，北斗三号卫星平台质量"瘦身"不少，仅为1 060千克。小型化的同时如何确保高可靠性呢？除了器部件100%自主可控外，研制人员还采用了"功能链"理念的卫星总体设计技术，构建了全新的导航卫星平台技术体系，破解了这一难题。

以前的卫星平台像是一棵树，有多个树杈。它是按具体任务来分类的，一个卫星平台有90多台单机，就被分成了多个层次。北斗三号卫星平台改变了"树杈"的分类法，而是按功能链来分类（图9.12），看其可以实现什么功能。打个比方，管道工和修路工，在之前的分类中，得要单独分类，而按照功能链则可以划分为同一类：维修工。

北斗三号卫星平台由结构热功能链、控制功能链、电子学功能链组成。以"功能链"组成的专用导航卫星平台，采取模块化设计（图9.13），就像堆积木一样，可以分头同时作业，再拼装在一起，因此卫星总装厂集成测试时间仅需45天，大大缩短了生产工期。电子学功能链通过简化系统结构，提升了系统固有可靠性，专用导航卫星平台10年寿命末期可靠性预计由0.743提升至0.893。

如今越来越多的女性，以巾帼不让须眉之姿，成为各行各业的翘楚。微小卫星创新研究院北斗导航卫星总体设计组35人，其中女性就有22人。该设计组先后参与了12颗北斗导航卫星的研制和发射，为中国北斗卫星导航系统建设提供了全新的解决方案，为北斗系统服务全球做出了突出贡献，被授予"全国巾帼文明岗"称号（图9.14）。中国科学院微小卫星创新研究院导航卫星这支年轻的团队，充分发挥了科学院的创新精神和"知其然知其所以然"的科学求真精神，用"勤于学习、勇于创新、敢于挑战、善于合作、甘于奉献"的工作作风践行着对国家的承诺，谱写出中国航天的小卫星精神。

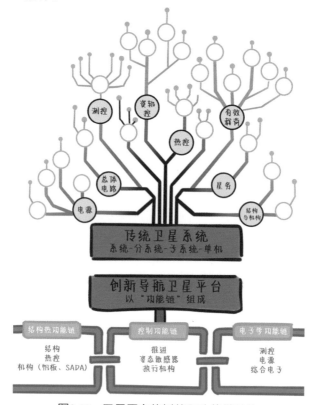

图9.12 卫星平台的树状和功能链结构

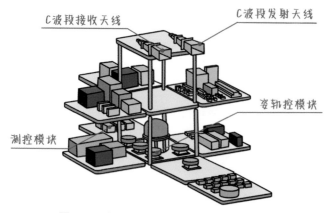

图9.13 专用导航卫星平台的模块化设计

图9.14　中国科学院微小卫星创新研究院北斗导航卫星总体设计组
2021年获"全国巾帼文明岗"称号

当2015年3月30日21时52分北斗三号首颗试验卫星发射成功那一刻，中科院微小卫星创新研究院导航所副所长、北斗导航卫星副总指挥沈苑满含泪水地写下了这样一段话："每一个参与其中的人，都会不舍于她的离开，但离开也意味着成长，也将会是它新的开始。目送爱星脚踏巨浪，奔向浩渺宇宙；祈愿不日圆满成功，服务国际民生。"80后沈苑所在的初创团队有"战神团队"之称，因为他们曾经在9个月里接连发射了8颗卫星，这个纪录连美国GPS和欧洲伽利略团队都无法做到。沈苑对遇到的困难表示理解："都是因为我们在发展，我们要往前走，我们必然要跨过面前的阻碍。"沈苑说："我们都喜欢仰望星空，我们的征途都是星辰大海。"

"北斗七星"是自远古时起人们用来辨识方位的依据，这也是北斗导航中"北斗"二字的来源。如今闪耀在太空中的"北斗新星"，能告诉你位置，像灯塔一样指引前进的方向，还可以把位置告诉最关心你的人[①]。苍穹之下，那群造星星的人，沉默少言，但始终心志如一。北斗一号卫星总指挥李祖洪曾说过："北斗的研制，是中国人自己干出来的。'巨人'对我们技术封锁，不让我们站在肩膀上。唯一的办法，就是自己成为巨人。"回顾中国北斗导航卫星这些年来走过的历程就会发现，在国际导航竞技场上，中国北斗闯出了一条独特的探索、钻研、建设、发展之路。在中国人民筑梦星空的伟大征途中，正是自主创新成就了东方传奇。北斗三号任务研制团队获得由20余家海内外华语媒体共同主办的"世界因你而美丽——2018—2019影响世界华人大奖"（图9.15），正是对其卓越贡献的充分肯定。

图9.15　北斗三号任务研制团队获"世界因你而
美丽——2018—2019影响世界华人大奖"

---

① 北斗具有定位、导航和短报文通信功能，所以说"可以把位置告诉最关心你的人"。

第三篇

服务全球 赋能未来

第10章　北斗导航卫星信号如何覆盖全球？

2018年12月27日，北斗卫星导航系统新闻发言人、中国卫星导航系统管理办公室主任冉承其在国务院新闻办公室新闻发布会上宣布：北斗三号基本系统完成建设，于当日正式开始提供全球服务。这标志着北斗系统服务范围由区域扩展为全球，北斗系统正式迈入全球时代。

北斗三号于2018年12月27日
开始提供全球服务

2020年6月23日9时43分，我国在西昌卫星发射中心（图10.1）用长征三号乙运载火箭，成功发射北斗系统第55颗导航卫星。北斗三号系统提前半年完成全球星座部署。7月31日上午，北斗三号全球卫星导航系统建成暨开通仪式在北京举行。中共中央总书记、国家主席、中央军委主席习近平出席仪式，宣布北斗三号全球卫星导航系统正式开通。中国自主建设、独立运行的全球卫星导航系统，开启了高质量服务全球、赋能未来的崭新篇章。

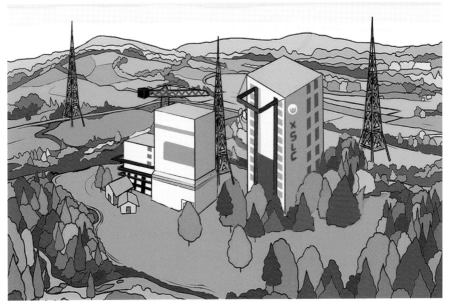

图10.1　北斗"母港"①——西昌卫星发射中心

北斗三号系统提前半年
完成全球星座部署

西昌卫星发射中心：
接续奋斗50年 创造航天新速度

10.1　卫星的星下点与星下点轨迹

为了说明北斗导航卫星信号如何覆盖全球，先介绍一个概念——星下点。所谓星下点，就是卫星的瞬时位置和地球中心的连线与地球表面的交点。如图10.2。

——————————

① 59颗北斗卫星全部在西昌卫星发射中心一次性成功发射，因此西昌卫星发射中心有北斗"母港"之称。

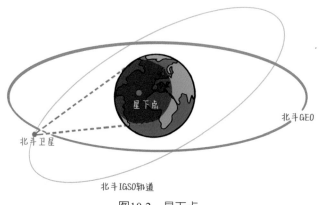

图10.2　星下点

　　星下点在不同时间的位置，形成了星下点轨迹。由于GEO卫星相对地球静止，其星下点轨迹为1个点；地球自转和卫星在轨道绕地球公转使IGSO的星下点轨迹为8字形的封闭曲线；而MEO的星下点轨迹类似约两个周期的正弦波。

　　北斗卫星导航系统官网（http://www.beidou.gov.cn）会发布卫星的星下点位置。图10.3中红色数字和其左侧的红点表示卫星编号与该卫星在2022年12月15日1点对应的星下点位置，蓝色线条表示星下点轨迹。

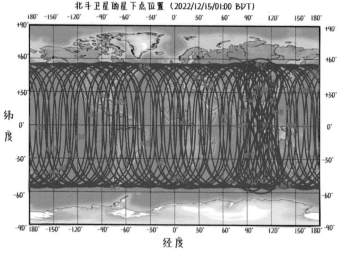

图10.3　2022年12月15日1点北斗卫星星下点位置

10.2 北斗导航卫星的信号覆盖范围与瞬时卫星监测热力图

以星下点为中心，每颗卫星都有一定的信号覆盖范围。将所有北斗卫星的信号覆盖范围进行叠加，形成一张瞬时卫星监测热力图，不同颜色代表该区域天顶的卫星覆盖数量。由北斗卫星导航系统官网上的瞬时卫星监测热力图可以看出，全球所有区域至少能接收到6颗北斗卫星的信号，大部分地区为14~16颗卫星，远远超过最低4颗的标准。

第11章　北斗服务如何惠及全球?

　　中国拥有北斗系统的完全自主知识产权，却没有固守一隅、独自享用，而是放眼世界，积极与全球各国密切合作，共享北斗系统服务，让各国人民享受北斗先进技术应用，为全球化开放经济发展奉献中国力量，携手打造人类命运共同体，共同建设幸福美好的地球家园。

北斗三号建成开通一周年
怎样服务全球?

北斗三号建成开通两周年
在轨软件升级 服务更加稳定可靠

11.1　参与联合国全球卫星导航系统国际委员会和其他国际组织

　　2007年9月，中国加入联合国全球卫星导航系统国际委员会（International Committee on Global Navigation Satellite Systems，ICG）。中国北斗、美国GPS、俄罗斯格洛纳斯和欧盟伽利略是这个委员会认可的四大全球卫星导航系统。自加入委员会以来，中国积极参与ICG事务。2015年，鉴于中国在ICG工作组全球卫星导航系统性能、新服务和能力强化应用小组中发挥积极作用，工作组建议中国成为工作组的第三位联合主席。2018年11

月，ICG在西安召开了第十三届大会（图11.1）。北斗卫星导航系统总设计师杨长风少将率中国代表团于2019年12月在印度班加罗尔参加了ICG第十四届大会（图11.2）。

图11.1　联合国全球卫星导航系统国际委员会第十三届大会
于2018年11月在西安召开

图11.2　北斗卫星导航系统总设计师杨长风少将（前排左六）率
中国代表团于2019年12月在印度班加罗尔参加联合国全球卫星导航系统
国际委员会第十四届大会

作为我国第一个面向全球提供公共服务的重大空间基础设施，目前，北斗已进入国际民航、国际海事、国际移动通信等多个国际组织标准。

11.2 服务全球化多极化发展

北斗系统自2012年提供区域服务以来，连续稳定运行，从未发生过一次中断。随着全球系统的全面建成开通，北斗系统在服务精度上比肩世界卫星导航系统，在亚太区域内更优，紧跟国家发展战略，支持构建人类命运共同体，服务全球化多极化发展。

中国北斗自立项以来，一直秉承自主、开放、兼容、渐进的原则，走国际合作之路。即便是北斗系统尚未成熟、国人还在以应用GPS为主的2014年，孙家栋院士也提出——如果用当时成功发射的16颗北斗组网卫星，与美国GPS、俄罗斯格洛纳斯系统、欧盟伽利略系统合作，则可以发挥各自特点，为人类生活带来变化。如果使用单一导航系统，可能在某一区域上空卫星数量有限，冗余不足，一旦接收机与某颗卫星断开联系，会影响定位服务的持续性。而如果四大卫星导航系统能实现互操作，将极大地提升定位的稳定性和精度。

2015年5月8日，中俄双方在莫斯科签署了《中国北斗和俄罗斯格洛纳斯系统兼容与互操作联合声明》。该联合声明是北斗系统与全球其他卫星导航系统签署的首个系统间兼容与互操作政府文件，是北斗系统国际化发展的重要标志。

2017年12月，中美签署《北斗与GPS信号兼容与互操作联合声明》，根据声明，两大卫星导航系统在国际电联框架下实现射频兼容，实现民用信号互操作，并将持续开展兼容与互操作合作。

中俄、中美、中欧合作，是一种与其他卫星导航系统的协调合作。而作为全球卫星导航系统核心供应商的北斗，也在广泛参与卫星导航国际事务，积极参加和支持联合国全球卫星导航系统国际委员会有关工作。

自2012年起，中国卫星导航系统管理办公室国际交流培训中心已在国内外举办了18期卫星导航技术与应用短期培训班，累计培训了来自全球40余个国家的学员800余人次（图11.3）；组织专家赴突尼斯、埃及、苏丹、摩洛哥、阿尔及利亚等阿拉伯国家开展了多轮次北斗卫星导航技术及应用培训，为多边国际合作打下了良好的基础。

图11.3 2020北斗"一带一路"技术与应用国际培训班在北京举行

2018年9月，中俄在北京具体讨论了两国卫星导航合作建站、监测评估服务平台、跨境运输应用等9个标志性合作项目，审议通过了北斗/格洛纳斯精准农业合作示范项目。2019年8月末，中俄卫星导航重大战略合作项目委员会第六次会议在俄罗斯喀山举行（图11.4）。会上，北京某科技股份有限公司与俄方联合发起的"北斗/格洛纳斯精准农业示范项目"的相关工作进展得到了高度认可和肯定，项目可行性研究和初步设计报告获项委会批准（图11.5）。中俄已经联合完成了农机自动驾驶系统显控软件开发，在中国新疆等地进行了样机测试；双方联合研发的农机自动驾驶系统，将在俄罗斯进行测试。这一中俄之间的合作，可以看作北斗系统惠及全球的一个标志性案例。

图11.4　中俄卫星导航重大战略合作项目委员会第六次会议在俄罗斯喀山举行

图11.5　北京某科技公司与俄方联合发起"北斗/格洛纳斯精准农业示范项目"

　　2019年，中国和阿拉伯国家联盟共同测试的结果显示，在阿拉伯国家上空平均可见北斗卫星数超过8颗，定位精度优于10米[①]，可用性在95%以上，可为阿拉伯国家和地区提供优质的卫星导航服务。

韩国多家企业依靠北斗导航开发测绘装备

　　截止到2020年7月，全球范围内已经有137个国家与北斗卫星导航系统签下了合作协议。随着全球组网的成功，北斗卫星导航系统未来的国际应用空间将会不断扩展。北斗相关产品已出口120余个国家和地区，基于北斗的土地确权、精准农业、数字施工、智慧港口等，已在东盟、南亚、东欧、西亚、非洲等得到成功运用，与"一带一路"沿线国家和国际组织的合作更加广泛。

　　2021年12月8日，第三届中阿北斗合作论坛（以下简称"论坛"）在北京以"线上+线下"方式成功举行。来自阿拉伯国家联盟、阿拉伯民航组织、阿拉伯农业发展组织、阿拉伯科技与海运学院等4个区域国际组织，阿尔及利亚、巴林、埃及、伊拉克、约旦、黎巴嫩、利比亚、毛里塔尼亚、摩洛哥、巴勒斯坦、卡塔尔、沙特、索马里、苏丹、突尼斯、阿联酋、科威特等17个阿拉伯国家的政府部门、企业、高校等单位代表，以及中国国家网信办、教育部、工业与信息化部、财政部、交通运输部、自然资源部、国家航天局、进出口银行，中国科学院、航天科技、航天科工、

────────────────

① 如果采用地基增强（参见本书166~167页）和精密单点定位服务（参见本书168~169页），定位精度可以达到厘米级；而利用测地型GNSS接收机、采取"同步观测同一组卫星"的观测方法（参见图16.5）消除不同点之间坐标差中的绝大部分定位误差，坐标差的精度（或者叫作相对定位精度）可以达到毫米级甚至亚毫米级。

北方工业、中国电科、中国铁建等部门单位、科研院所、协会代表，共计300余人参会。

第三届中阿北斗合作论坛在北京举行

中国卫星导航系统管理办公室主任冉承其和阿拉伯信息通信技术组织秘书长穆罕默德·本·阿莫先生，共同签署《中国—阿拉伯国家卫星导航领域合作行动计划（2022—2023年）》（图11.6）。2022年至2023年，通过运用北斗/GNSS技术，在具有应用规模的重点领域，联合实施不少于5个示范应用项目；共同推动在感兴趣的阿拉伯国家，增建1~2个北斗/GNSS中心；每年举办1~2次卫星导航技术短期培训班；中方每年为阿拉伯国家提供3~5名导航与通信专业硕士学位研究生奖学金名额；每年互派1~2批短期访问学者；继续联合开展北斗/GNSS联合测试与评估活动并发布测试结果；联合开展北斗国际搜救返向链路性能测试；利用中阿卫星导航合作网站，宣传双方合作成果，吸纳更多参与者，促进合作深化与发展，让北斗更好地服务阿拉伯国家，实现共享共赢。

图11.6　签署《中国—阿拉伯国家卫星导航领域合作行动计划（2022—2023年）》

11.3　北斗的两大功能、7种服务

北斗是联合国认可的四大全球卫星导航系统之一。如今，北斗系统基于30颗卫星满星座运行并开通全球服务，具备导航定位和通信数传两大功能，提供7种服务。面向全球范围，提供定位导航授时、全球短报文通信和国际搜救3种服务；在中国及周边地区，还提供星基增强与地基增强的定位导航授时、精密单点定位和区域短报文通信4种服务。

北斗，是中国的北斗，也是世界的北斗。北斗，不仅服务中国，更会服务全球，正为人类命运共同体的美好未来赋能。

北斗与我们的
生活关系"几"何？

我国北斗系统进入持续稳定、
快速发展新阶段
应用深度广度持续拓展

第12章 定位导航服务

定位与导航是北斗应用最广、最基础的服务。除了地下、水下或者因为遮挡等接收不到足够多的卫星的信号之外，不管是需要静态定位还是动态监测或导航的领域，比如从国防建设、基础测绘、交通运输、智能物流、防灾减灾、安全监控、工程勘测、资源调查、气象探测、环境监测到科学考察、农林牧渔、城市管理、旅游出行……，无论你在世界的哪个角落，北斗导航系统都能大显身手。下面介绍几个典型应用。

北斗系统已服务于
国家多个行业领域

北斗系统进行冰川监测和珠峰高度
测量中的卫星定位计算

12.1 助力重大工程

1. 响应国防需求

回顾北斗系统的历史，我们可以发现，响应国防需求才是北斗建设的初衷。涉及导航系统的军事应用很多，最有代表性的便是导航系统在导弹武器高精度打击作战中的应用。在北斗二号系统尚未拥有服务能力的时

北斗导航无人驾驶
精确播种玉米

候，我国的长剑-10巡航导弹单纯依赖地形匹配制导，用于跨海打击作战时由于海上可提供的参照物极少，打击目标精度最高只有10米。2015年，长剑-10衍生型DF-10A亮相，结合已在亚太地区服务的北斗二号系统，DF-10A巡航导弹（图12.1）可结合定位组件，以及数字影像区域比对、惯性导航系统将打击目标精度提高至1~3米。换句话说，基本实现了指哪儿打哪儿的功能。像东风-21这种中远程弹道导弹（图12.2），如果仅依靠自身的惯性制导和雷达跟踪搜索，其误差将超过1 000米，要确保摧毁目标，必须使用更多导弹，实施饱和打击，但成本高昂。而加装了北斗导航系统之后，其精度可以提高到10米，一枚卫星制导导弹的杀伤力，可以与20枚常规导弹相当。

图12.1　北斗卫星制导DF-10A巡航导弹

图12.2 北斗卫星制导东风-21D反舰弹道导弹

如今应用北斗导航的武器种类也日益丰富，比如03A远程火箭炮应用北斗导航后（图12.3）可以实现一枚开路、一枚追击的新型打法。卫星制导炮弹（图12.4）也已经推广全军，成为制式武器。

图12.3 北斗卫星制导03A远程火箭炮

图12.4　北斗卫星制导炮弹

　　基于北斗系统，我国也建立了"红军跟踪系统"，可通过北斗系统确定位置信息，各侦察单元捕捉敌军位置信息，再由通信系统将位置信息上传至指挥控制系统，最终在态势地图上加以显现，近实时的战役战术情报为作战决策提供直接依据。

　　我国还开发了军用智能腕表（图12.5）。这种腕表具备单兵标识验证、作战统一授时、北斗卫星定位、自组网等通信、电子罗盘、语音指令作业、语音转换播报、人体脉率监测、人体动静监视、语音智能呼救、火线伤情上报、伤员搜寻标定、室内伤员定位、战救态势显示、战地心理疏导以及数据一键销毁、遥控销毁等功能。

图12.5　军用智能腕表

2. 保障数字化施工

　　所谓数字化施工，是指采用信息化手段对机械进行管理，记录判别施工过程及质量、辅助人工进行决策，帮助解决传统施工难以进行实时的进度和质量控制、材料浪费严重、经常出现返工等问题，以实现工程施工的智能化、高质量和高效益。北斗系统对保障数字化施工至关重要。如图12.6所示，北斗终端可以实现对现场人员、施工车辆、大型作业机械设备的位置和运动轨迹的实时监测，进行合理调度管理；并且在无人值守的情况下以毫米级的精度对边坡沉降、崩滑体变形等进行全天候监测，保障施工安全。北斗高精度定位能力可指导机械实现精确打桩、刷坡、整平、压实、摊铺等施工，实现可视化施工和工地的全方位信息化管理。

图12.6　北斗终端保障工程质量的全过程管控

以北斗压路机智能压实系统为例（图12.7），该系统采用高精度北斗定位和压实传感器监测技术，系统数字化、图像化地实时显示和记录施工规范要求的施工路线、行进速度、压实强度、振动频率等物理参数，并通过填筑厚度、碾压遍数、压实度数值指引机手实时有效地施工，保证预期的压实指标。

而自动化监测系统（图12.8）将包含北斗定位数据在内的各种监测数据，利用传感器技术、信号传输技术，以及无线传输技术和软件技术，从宏观、微观相结合的全方位角度，来监测影响结构安全的关键技术指标，记录历史、现有的数据，分析未来的走势，以便辅助施工、监测单位决策，提升安全保障水平，有效防范和遏制重特大事故发生。系统通过对建筑物重要运行数据的实时采集、传输、计算、分析，直观显示各项监测数

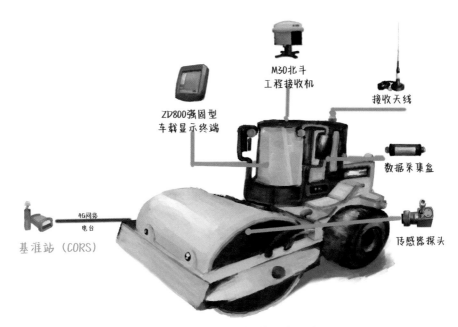

图12.7　北斗压路机智能压实系统

据，监测数据的历史变化过程及当前状态。一旦出现紧急情况，系统能及时地发出预警信息。同时可实现安全监测信息的多级共享以及实现安全预警信息的发布。类似的监测系统还可以用到防灾减灾领域。

图12.8　自动监测系统

2020年新冠疫情肆虐期间，武汉火神山医院的建设仅仅只用了10天，中国速度再次震惊世界（图12.9）。在火神山医院建设中，基于北斗系统的高精度定位设备立下了汗马功劳。北斗定位终端的投入使用，确保了工地大部分放线测量工作一次性完成。即使在环境复杂的场地，如树林、建筑群中，定位终端也能实现高精度定位、精确标绘，为医院的迅速施工争取了宝贵时间。

图12.9　武汉火神山医院建设现场

3. 建设智慧港口

北斗系统是"新基建""智能交通""现代化交通"发展的主要力量之一，在构建我国交通运输体系的过程中占有重要的地位。港口是交通运输的枢纽，在新一轮科技革命的时代背景下，港口陆续开始了数字化、全自动的转型升级，与此同时，高精度应用需求也变得越来越强烈。

在全球货物吞吐量排名前十的港口中，中国港口占有7席。交通运输部开展了智慧港口示范工程，携带了北斗"黑科技"的智慧港口解决方案已经为多个示范工程提供技术支撑。在我国智慧港口的建设持续推进过程中，北斗导航系统在港口的应用日益广泛。

在智慧港口建设方面，"天津港速度"和"天津港模式"一直享誉全球，仅用了402天就完成了自动化码头的建设，并且港口作业效率达到世界一流水平。北斗导航系统在天津港的应用属于较早的一批，也是十分成功的案例。

北斗指路
智慧港口带来生活"新惊喜"

北斗系统的应用一方面体现在港口的集装箱作业上，另一方面体现在集装箱码头的自动化操控上。在集装箱作业方面，天津港相关港口企业为避免港口"错箱"事件的发生，采用给集装箱和集卡安装"北斗导航系统终端"的方法，利用北斗导航的无缝隙定位、实时计算、连续的通信和可靠的控制功能，在5G网络的高速支持下精准地完成集装箱装卸及集卡行驶工作。在自动化操控方面，天津港通过北斗导航系统、5G通信技术、无人驾驶、可视化技术（AR）等相关技术，实现了岸桥、场桥、拖车等港口作业设施在自动化操控中心的三维实时全景显示，保障了司机在远程操控中心操控的准确性。在智能化技术的支持下，自动卡车可以高效、精准地完成障碍物响应、及时停车等多项复杂动作。无人集卡在面临严酷自然环境或者多种设备联合作业的情况下也能正常运作，大幅度提高了港口的生产效率，并且改善了港口工人的安全问题。如图12.10~图12.12。

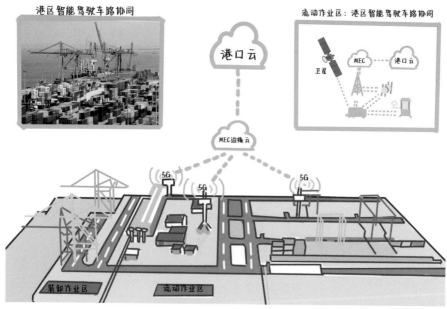

图12.10　智慧港口平台系统

图12.11　基于北斗高精度定位的
港口装卸

图12.12　全球首台无人驾驶卡车
于2018年4月12日在天津港试运营

4. 科学考察利器

极地科学考察（重点是南极）关系着全球变化和人类的未来，也是一个国家综合国力、高科技水平在国际舞台上的展显和角逐。在极地严酷复杂的环境中，想要取得科研成果离不开先进科研设施的支撑。北斗卫星导航已经成为极地科学考察的利器。

早在2007年11月和2008年10月，航天科技集团九院704所便两次派出员工参加中国第24、25次南极考察队，并在南极大陆建立起中国第一个北斗卫星观测站（图12.13）。由该所研制的观测站核心设备——监测接收机和高精度天线经受住极地恶劣环境考验，获取了北斗二号卫星导航系统第一颗中圆地球轨道（MEO）试验卫星在极地地区的宝贵原始测量数据，增加了观测弧段，极大地提高了卫星定轨精度，为北斗MEO卫星定轨和性能评估积累了宝贵数据和经验。2010年，704所的监测接收机和双模用户机再次被选为指定北斗定位设备，参加北斗二号卫星导航系统定位授时性能评估试验远洋，装备于"雪龙号"极地科考船上，完成从南极到北极的全球跨越（图12.14）。

图12.13 南极卫星观测站

图12.14　极地科考船"雪龙号"

2013年，上海某卫星导航技术股份有限公司为第29次南极科考队提供了多台具有北斗和GPS多系统的高精度GNSS接收机，首次在南极地区应用中国北斗二号卫星导航系统+GPS系统进行实地高精度测绘，所采集的数据将为科考队和中国北斗系统提供极具价值的信息。

2015年2月，我国启用北斗卫星导航系统南极基准站，推动了北斗卫星导航系统在极地科考中的深入应用（图12.15）。2016年2月，通过南极基准站建设二期工程，成功实现基准站常年连续运行观测和观测数据实时向国内传输的任务目标。2016年8月，国家测绘地理信息局在北极黄河站开通启用了北斗卫星导航定位基准站。北斗卫星导航系统基准站为极地科学考察的导航、定位及多学科研究工作提供了支撑条件，为北斗卫星导航系统提供了天然的试验和测试环境。

图12.15　北斗卫星导航系统南极基准站

　　随后每次极地科考,北斗高精度设备都成为"雪龙号"的常驻成员。2019年10月至2020年4月,中国开展了第36次南极科考。雪龙号上搭载的是上海某卫星导航技术股份有限公司自主研制的高精度GNSS接收机,该接收机对北斗全频覆盖,兼容北斗三号新信号体制(图12.16)。此次科考既测试了极地条件下设备本身在实际使用过程中的信号捕获、数据存储、连续运行等性能,也对北斗三号全球卫星信号的覆盖区域和使用情况进行了测试验证,进而为北斗三号远至极地的覆盖能力与信号精度、可用性、连续性等定位服务性能提供参考数据。

图12.16　中国第36次南极科考采用的多模多频GNSS接收机
(内置上海某公司自主研发的高精度北斗板卡)

在抗击新冠肺炎疫情期间，北斗卫星导航系统快速响应，全面融入防控疫情的主战场，为一线提供精准服务。

基于北斗高精度技术的测绘方案为湖北、陕西等多地的医疗基础设施建设大幅缩短了前期勘察测量的时间，显著提高了施工效率。装载了北斗系统的无人机在抗击新冠肺炎疫情中发挥了巨大作用，包括植保、物流、消杀、侦查、监视等在内的精准无人机飞行细分市场呈现爆发式增长，大幅提升了高精度市场的总体规模。

对于中国民航来说，使用北斗系统在技术上提供了绝对安全的底线，从法理上与逻辑上彻底解决了中国民航使用卫星导航技术的安全风险。总体看来，民航系统要服务北斗系统全球应用的价值大局，最终目标是构建以北斗为核心的GNSS技术应用体系，推动以星基定位、导航与授时技术为核心的新一代空中航行系统建设。

2021年，中国电科开展了国内首个北斗电力星地融合时空服务平台建设，研制国内首套自主可控的亚米级室内外定位系统，应用于2022年北京冬奥会，推动北斗产业快速做强做优做大；完成国家卫星导航应用重大工程建设，推动北斗在物流领域大规模应用，并探索实现了北斗"走出去"战略。

5. 打造智慧冬奥会

2022年北京冬奥会顺利达到了国际奥委会和北京冬奥组委提出的办成一届"智慧冬奥"的目标。在这场"运动盛宴"和"科技盛宴"背后，可以说处处都隐藏着强大的"北斗力量"。

（1）交通建设的北斗力量

延庆—崇礼高速公路（简称延崇高速）是2022年冬奥会延庆赛场与张家口崇礼赛场的直达高速通道（图12.17），主线全长约81千米，其中特长隧道总长近50千米，隧道内卫星信号弱，车辆难以精准定位。为保证运营期间的安全，延崇高速隧道路段安装了北斗隧道定位信号扩展系统，利用室外接收的卫星信号进行扩展，为隧道内行驶的各种车辆提供定位和导航服务，从而实现了北斗卫星导航信号在隧道内的全覆盖。可以说，延崇高速是一条北斗卫星信号全覆盖的"智慧公路"。

北斗导航：
让连接冬奥赛场
的路更清晰

图12.17　延崇高速五环桥

　　作为2022年冬奥会的重要交通基础设施，京张高铁从发车、中途站点停靠、到站自动减速靠站，以及列车上的各种"智能辅助"功能，均采用北斗导航，在世界上首次实现了复兴号智能动车组时速350千米自动驾驶①。北斗导航和地理信息系统技术为京张高铁的建设、运营、调度、维

---

① 自动驾驶并不是无人驾驶。在列车发车时，司机确认列车状态正常，就可以直接进入自动驾驶模式。智能动车组的自动驾驶功能还可以实现车站自动发车、区间自动运行、车站自动停车、车门自动打开、车门及站台门联动控制等。

护、应急提供全流程的智能化服务。线路实时"体检"系统，可以将全线每一个桥梁、车站，每一处钢轨通过传感器连接至电脑。零件是否老化，路基是否沉降，照明是否损坏，都能一目了然。如图12.18、图12.19。

图12.18　"瑞雪迎春"复兴号智能动车

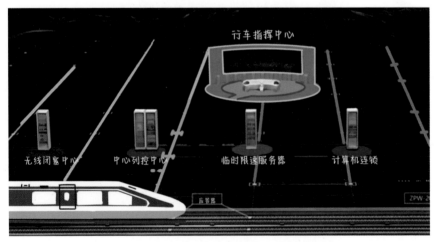

图12.19　京张高铁自动驾驶基本架构示意图

（2）冬奥园区的北斗力量

在冬奥会首钢园区内（图12.20），基于北斗的高精度定位技术已经在多方面展开示范应用。园区已示范应用无人驾驶MINI清扫车、无人驾驶MINI配送车、无人驾驶中型巴士、无人驾驶大型清扫车、无人驾驶共享轿车等多种自动驾驶车辆。

图12.20　北京冬奥会首钢园区

这些无人驾驶车辆都是基于北斗提供的厘米级高精定位服务以及5G园区的建设，才能够实现运行。综合运用了北斗、5G、人工智能等技术之后，首钢园的L4级无人驾驶汽车（图12.21）能够实现自主驾驶、自动泊车、厘米级高精定位等，极少出现急刹车等情况。

针对冬奥期间物资、设备、人员在复杂交通环境下的高效安全运输需求，在冬奥首钢园区打造基于5G网络的智能车联网系统。该系统覆盖首钢园区面积100万平方米以上，支持多类型车辆、多种业务运营服务。实现无人接驳摆渡、无人零售、无人配送等十大场景的示范运营。如图12.22。

0级驾驶自动化(应急辅助)

驾驶自动化系统不能持续执行动态驾驶任务中的车辆横向或纵向运动控制，但具备持续执行动态驾驶任务中的部分目标和事件探测与响应的能力

1级驾驶自动化(部分驾驶辅助)

驾驶自动化系统在其设计运行条件下持续地执行动态驾驶任务中的车辆横向或纵向运动控制，且具备与所执行的车辆横向或纵向运动控制相适应的部分目标和事件探测与响应的能力

2级驾驶自动化(组合驾驶辅助)

驾驶自动化系统在其设计运行条件内持续地进行动态驾驶任务中的车辆横向和纵向运动控制，且具备与所执行的车辆横向和纵向运动控制组适应的部分目标和事件探测与响应的能力

3级驾驶自动化(有条件自动驾驶)

驾驶自动化系统在其设计运行条件内持续地执行全部动态驾驶任务

4级驾驶自动化(高度自动驾驶)

驾驶自动化系统在其设计运行条件内持续地执行全部动态驾驶任务和执行动态驾驶任务接管

5级驾驶自动化(完全自动驾驶)

驾驶自动化系统在任何可行驶条件下持续地执行全部动态驾驶任务和执行动态驾驶任务接管

图12.21　汽车驾驶自动化分级

冬奥园区智慧出行

7:30 AM

交通管理

早高峰即将到来，通过大数据系统规划外来车辆聚集停车，合理调配摆渡车，停车动管理、园区变通管理

基于综合时空服务平台

基于智能路测单元RSU的辅助定位技术

8:35 AM

智能驾驶

体验园区高效顺畅的智能安全出行

9:00 AM

基于5G+UWB的地下车库高精度定位技术

靠近停车位附近，通过全场景环境检测视现自主泊车，停车再也不是问题

自主泊车

基于车载传感SLAM高精度定位技术

想吃的零食、饮料，可在无人零售车选购，享受便捷高效的购物体验

无人零售车

4:00 PM

无人接驳摆渡、无人流动售货、自主泊车等业务运营

图12.22　奥运园区智慧出行

（3）赛事保障的北斗力量

北京冬奥会还结合北斗系统，形成了"北斗+冬奥雪上智慧服务保障系统"（简称"北斗+冬奥"系统），这是北斗精准定位在竞技体育领域中的第一次应用。相比传统的定位系统，其定位点输出频率达到50兆赫，非常适合用于高速竞技滑雪运动。

"北斗+冬奥"系统是由首都体育学院牵头，联合了北京理工大学、北京控股集团、国家高山滑雪队、兵器工业集团、汉朗科技、西物激光、北极星云等单位合作研发的智能化信息采集和分析系统，主要提供给"高山滑雪""越野滑雪"和"雪橇雪车"等项目进行运动员备战和赛事运营支持，涵盖了运动员科学训练服务系统、环境风速监测和决策系统、越野滑雪裁判智能辅助系统、工作人员雪场保障系统共4个子系统。

为运动员提供可穿戴的智能定位终端是该保障系统最大的创新。项目团队联合研发出融合北斗高精度定位算法的可穿戴定位终端，结合其他智能穿戴和视觉采集设备，不仅可以采集运动员的心率、睡眠、血压等基础身体数据，还可以在运动轨迹中的关键位置识别运动员身体的20多个重要关节点变化，并做机理分析，实现了对运动员滑行状态细节的监测和分析，帮助运动员更加清晰地了解自己的特点，帮助教练员科学指导运动员的训练，综合优化提升运动员的技术能力。

在环境监测和决策系统上，可以通过无人机航拍建模合成的实际赛场三维地形数据，实时监控赛场中核心赛道的多个起跳点位置的环境气象条件，尤其是对滑雪比赛最重要的横向和纵向实时风速信息。通过北斗高精度定位技术与高精度激光测风雷达技术融合其他气象传感器，系统可以为冬奥会雪上运动赛场建立高精度位置网格化的实时气象数据，为赛事保障部门提供气象监测数据和超运动条件的预警信息，为冬奥会雪上运动赛事及日常运动训练的环境保障决策提供科学支撑。

在越野滑雪裁判上，可以辅助场地内的裁判员抓取运动员比赛过程中的动作，针对有运动员出现犯规动作时进行录制，并做信息同步汇集和警示，可以实现运动员在山上比赛，主裁判在山下裁决，既保证了最少的裁判人力资源的投入，又保证了赛事的公平公正。

在工作人员的安全保障上，可以实时为工作人员定位。如果工作人员出现在场地的危险区域，系统将会设置虚拟的电子围栏，并实施报警操作，保障场地内人员的安全。除此之外，"北斗+冬奥"系统对场地内的压雪车、造雪机等高价值装备也采取了定位和电子围栏的手段进行管控，确保重要物资的安全。

可见，"北斗+冬奥"系统不仅可以监测雪场上风速等环境数据，对所有的参与人员都能够提供相应的服务与安全保障，是一个非常具有人文关怀的、有温度的服务保障系统。如图12.23。

图12.23 "北斗+冬奥"雪上智慧服务保障系统

（4）观看赛事的北斗力量

我国自主研制的首款小型化、低成本室内高精度定位基站——北斗微基站走进国家跳台滑雪中心"雪如意"，是国际上首次在大型体育场馆大规模实现室内外亚米级连续定位，也是北斗进入室内的重大突破，填补了我国室内外无缝连续定位的空白。该项目由中国电子科技集团54所卫星导航系统与装备技术国家重点实验室主任蔚保国负责完成，首次打通了室内室外的北斗卫星导航连续覆盖定位，针对不同室内环境建筑结构特点，实现了全场馆可达、区域内无死角的快速定位。在人员密集的室内开阔区域可实现静态定位优于0.1米、动态定位优于0.5米的高精度定位，在室内外交替区域能够实现室内北斗微基站信号与室外空间北斗信号的自适应无缝接收切换，室内外连续定位精度优于1米，解决了大范围室内外高精度无缝定位技术国际难题。如图12.24。

北斗信号完成国家跳台
滑雪中心网络部署

图12.24　北斗微基站室内高精度定位冬奥应用平台示意图

如此高精度定位的实现有赖于可穿戴设备——时空盒（图12.25），它能够兼容室内北斗微基站和室外北斗卫星信号，实现室内外高精度无缝切换。时空盒可以独立使用，也可与智能手机通过无线方式绑定使用。用户用手机扫描时空盒背面唯一的二维码就能绑定自己的时空盒，通过智能手机APP位置服务软件将自己的实时位置信息在地图上显示给其他用户（图12.26）。同时，用户携带时空盒获得的实时位置信息也可以通过时空盒的4G/5G模块传递给位于远程机房的位置服务云平台，让北斗微基站除了有精准定位的"好视力"，还有了聪明的"大脑"。时空盒收集到的大量实时位置信息汇聚到应用平台后，可以提供三维全场景室内外人员及车辆态势监控、指挥调度等服务，实现室内外地图位置展示和实时定位数据交互。

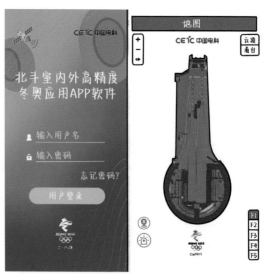

图12.25　室内定位仪——时空盒　　　图12.26　北斗室内外高精度冬奥定位APP界面和应用地图示意图

12.2　惠及日常生活

定位导航服务不仅能助力重大工程，也能惠及日常生活的方方面面。

1. 北斗与出行

不管采用哪种方式出行，北斗都是你的好助手。

公交车上安装北斗系统，可以采集实时动态的公共交通信息，依托智能调度系统专业分析工具，通过对北斗基础数据的多轮筛选与综合计算，确定全时段的准确周转时间，并按照标准发车间隔、实际周转时间和满载率三项标准，重新编制和执行全新的行车时刻表，最大限度减少你的等车时间。如图12.27。

公交装北斗
电子站牌显示实时位置

图12.27　北斗系统实时获取公交车位置的新闻报导

通过北斗地基增强系统①，缓解在立交桥、楼宇密集区、巷子胡同等地方经常发生几米定位漂移的问题，增加共享单车的定位精度，帮助你精准地找到车，也能让管理者更精准地了解车辆的停放位置，解决共享单车停车乱的难题。如图12.28、图12.29。

图12.28 加装北斗模块的共享单车

图12.29 北斗地基增强系统缓解共享单车定位漂移难题

① 什么是地基增强？请参见本书 166~167 页。

装载北斗终端后，能随时随地定位校车在哪儿，并能实时监控校车有没有超载、超速，一旦车速超过限定值60千米/时，设备就会发出警报，提醒司机减速;车内安装的监控摄像头，可以拍下学生上下车的过程;车辆在行驶过程中遇到突发事件或其他意外紧急事件，可通过北斗系统向中心发送求救信号……北斗校车为孩子上学安全，平添了多重保障。如图12.30。

图12.30　装载了北斗终端的校车

未来北斗高精度将进一步赋能智慧城市、智慧交通和互联网的发展。车载终端要实现精准位置感知，高精度定位不可或缺。目前，就室外来说，在卫星信号接收不到或卫星信号不稳定的高架桥下、隧道、林荫遮挡道路和城市峡谷等各类复杂场景中，容易导致不精确，通过构建"5G+北斗"（图12.31）高精度定位网络，能够提供厘米级定位服务，丰富5G生态应用，以此打造全场景高精度的位置感知，从而实现在这些场景下的稳定可靠精准定位。

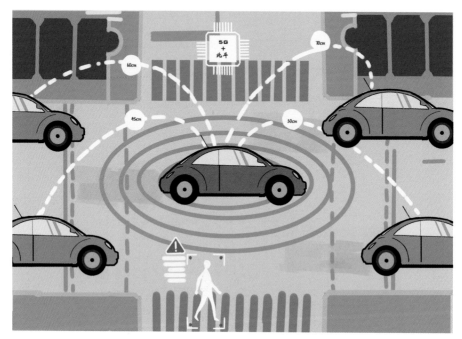

图12.31 "5G+北斗"应用于智能驾驶

我国多地政府正在依托国家新一代交通控制网和智慧公路试点工程建设，开展智能交通关键技术研发应用（图12.32）。比如，河北积极探索"ETC+北斗"开放式自由流收费（图12.33）、车路协同、自动驾驶等新技术应用，高标准建设延崇、京雄、荣乌新线、京德等智慧高速公路，从智慧设施、智慧决策、智慧管理、智慧服务等方面，推进现代化综合服务体系建设，完善治超信息系统，构建全网联防联控、全时有效监测的治超监控网络。

深圳交通中心智慧道路系统建立以智慧灯杆为主要载体的全对象、全时空、全粒度的道路全息感知体系，实现人-车-路-云的全要素协同管控。如图12.34。

图12.32　智慧高速公路示意图①

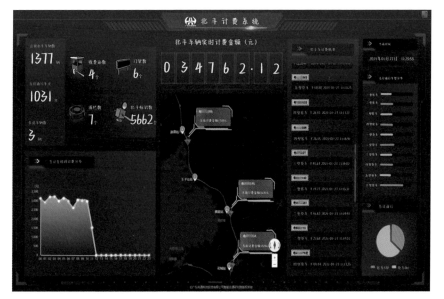

图12.33　"ETC+北斗"开放式自由流收费

---

① DSRC是专用短程通信技术，可用于机动车辆在高速公路等收费点实现不停车自动收费。

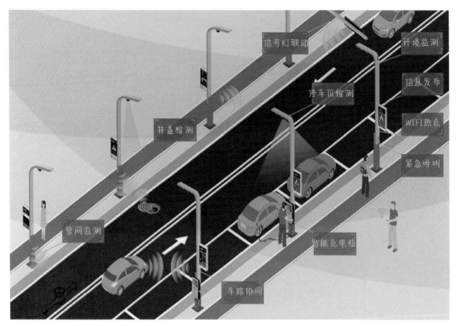

图12.34　深圳交通中心智慧道路解决方案

2. 北斗与物流

在物流运输车辆上安装北斗导航设备，可以实现对车辆速度和路线的实时监控，保障驾驶安全。结合北斗定位与导航确定的地理位置数据，进行数据分析和挖掘，可以定制仓储和站点上门接货的位置信息，定制服务线路，提高物流效率，降低管控成本。借助手机APP及POS机可以实现每30秒采集一次位置信息，每2分钟上传一次服务器，消费者可以直观明了地看到订单的实时位置。

"北斗+"让天地
互通更智慧

北斗护航中欧班列
北斗定位弥补信号盲区 缓存运行信息

在中国交通通信信息中心的指导下，全国道路货运车辆公共监管与服务平台（简称货运平台）于2013年1月1日起在9个示范省率先上线。截至2020年5月，货运平台已实现全国32个省、区、市的落地接入，入网车辆总数超过650万辆，占全国重载货车的96%以上。货运平台成为北斗定位系统最大的民用示范平台，同时也是覆盖范围最广、入网车辆最多、数据维度最全的全球最大商用车车联网平台。

2019年7月，杭州高速交警开始使用全国首款智能防疲劳驾驶干预系统，对货车行驶时长、速度、路径等多维度驾驶行为实现了实时分析，当货车即将到达杭州交警设置的"防疲劳停车区"时，会自动下发语音提醒，指引驾驶员入区休息，有效破解了高速公路货车夜间疲劳驾驶"顽疾"（图12.35）。随后货车运行态势、车辆超速疲劳驾驶实时分布情况等功能模块，为河北省高速公路秩序整治专项行动提供了强有力的技术支撑。据统计，通过整治行动，2019年7月至9月，河北省货车亡人事故的占比同比下降18个百分点，货车事故下降51.5%。

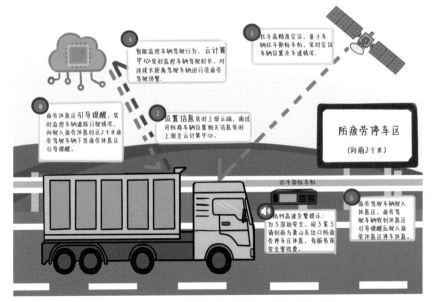

图12.35　智能防疲劳驾驶干预系统工作原理

3. 北斗与疫情防控

2020年1月23日，武汉"封城"抗击新冠疫情。阻断疫情传播，必须尽可能减少人际直接接触。基于北斗高精度定位的无人设备无疑是耀眼的"特种兵"（图12.36）。截至2月10日，我国重点抗疫防疫区域内集结了上百架无人机，根据需求快速精准投送应急物资。2月12日上午，首架基于北斗高精度的"疫情区应急作业"无人机降落武汉金银潭医院，将急需的医疗和防疫物资精准送到一线医护人员手中。当日，北斗无人机共运输紧急医疗物资近20架次。

北斗全面助力抗击
新冠肺炎疫情

图12.36　应用于武汉物流运输作业的方舟40型无人机

一方有难，八方支援。国内某公司通过自主研发的车联网大数据平台看到：自武汉封城到2020年2月5日，解放车厂有1万余辆互联卡车活跃在湖北境内，其中1辆车更是保持了23.5小时的无间断运输。在火神山和雷神山施工现场，自1月23日开工以来，共有101台解放互联卡车参与施工。而在驰援武汉的"逆行"身影中，行驶路径最远的一辆车，是从河北承德开过来的，跨越1 629千米，行驶29小时。此外，至少有6万名东风商用车司机，日夜兼程战斗在疫情前线，为民众提供生活物资，为抗疫运输医疗设备和物资。如图12.37。

图12.37　齐心抗疫　北斗给力

"打仗打后勤"，各地援助的医疗、生活物资，借助北斗，能够以最佳线路快速安全地运抵最需要的疫区和人民手中。交通运输部通过全国道路货运车辆公共监管与服务平台入网的北斗车载终端，向600余万入网车辆持续推送疫情信息、防疫物资运输信息、道路运输服务信息等，推荐疫情期间经验线路，提供14天行车轨迹查询服务；为行业主管部门提供途经疫区的车辆信息，为疫区重点营运车辆调配和应急物资运输提供数据服务保障。中国邮政为邮政干线物资运输车辆装载了5 000台北斗终端，利用车辆定位信息，进行实时监管和调配，确保防疫物资及时送达。基于北斗的京东物流智能配送机器人（图12.38），将各地送达的医疗物资快速送往医院隔离区，搭建起武汉医院与配送站点之间的"物资生命线"，抗疫防疫一线的紧缺物资，在北斗的引导下，一路绿灯、精准送达。

交通运输部：
已建成两大北斗车辆
动态监管系统

图12.38 京东物流智能配送机器人

针对传统防控存在的人手不足、记录手段落后、易感染隐患、漏报漏检、效率低下等诸多短板，国内某公司定制化开发了社区智能疫情防控服务平台（图12.39）。平台将视频监管系统、GIS系统和基于北斗定位的大数据分析系统作为基础支撑，融合统筹疫情防控政策知识、咨询、人员、车辆、房屋等信息，服务社区居民、租户和访客，协助社区管理者全方位做好社区疫情防控管理工作。通过使用该平台，人员、车辆出入时，系统会对人员、车辆进行人脸识别、车牌识别，获得进入人员、车主身份，并进行智能测温登记，实现对人员、车辆出入进行科学管理的监控。通过加密网络实时保存抓拍到的现场图像，实现对进出管控区域内的人流、车流无死角全方位监控，形成通行人员记录和人员轨迹图，可设置人员黑白名

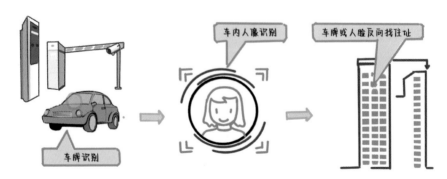

图12.39 社区智能疫情防控服务平台示意图

单、预警名单，并可与卫健委疫情防控系统数据联网互动。该平台于2020年2月21日入选《河南省疫情防控相关软件产品和解决方案目录》。

北京冬奥会期间，在国家跳台滑雪中心"雪如意"投入使用的北斗微基站，其精准的定位能力，也能在疫情防控中大显身手。据项目负责人蔚保国介绍："在大型场馆疫情防控中，系统能够提供精查、直显、细导服务。"精查，即系统可以提供精准条件筛查，包括要找的人、接触时段、密接等级、距离阈值等；直显，即直观显示密接人员图像、密接风险、首次接触时间等；细导，即指系统可以将密接查询详细结果导出，供流调使用。

4. 北斗与旅游

基于北斗地理位置信息服务，江苏某公司提供了智慧旅游平台解决方案，既大幅度提升游客的旅游体验，也方便旅游部门的管理，还能促进旅游景点商家和旅行社的精准营销。如图12.40。

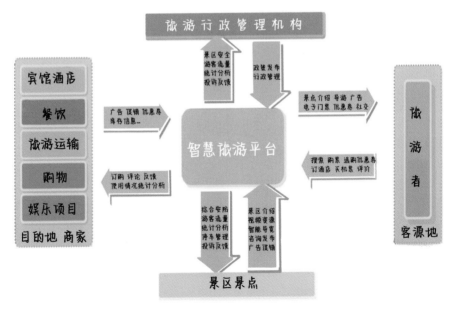

图12.40　智慧旅游平台架构

5. 北斗与安全

（1）燃气管线监测

据统计，80%的燃气事故来自管道腐蚀和第三方破坏。北斗燃气应用已经在全国多个城市开展，北斗系统不知不觉为我们的生活构筑了一道安全的屏障。由于埋地铺设，地理环境复杂多变，随着时间的推移，在施工、土壤腐蚀、地面沉降等因素影响下，管道的防腐层会发生老化、剥离脱落，造成管道的腐蚀穿孔，从而引起泄漏。目前燃气行业采取不开挖的方式监测腐蚀，但必须准确地站在管线上方才能完成监测。北斗系统将每段管道精准定位，并可随时查询检测的结果，动态监测腐蚀发展的情况，同时分析腐蚀趋势，当腐蚀临近危险值时，就要采取解决措施了，而且这一系统还可以生成管网腐蚀图、防腐层综合统计情况等，为管理和维修提供精准位置和数据支撑。如图12.41。

图12.41　利用北斗高精度定位导航系统一体化接收机
对施工过程关键点信息进行采集

（2）积水抽排

往年暴雨与汛期，排水抢险人员必须得涉水进入桥区"摸寻"抽排点。有了北斗系统，对下凹式立交桥的抢险抽排位置、检查井及雨水箅子重要设施进行"坐标定位"。积水抽排，可顺利"按图索骥"。

靠人工、靠经验，在最低点做标记，走进积水去摸寻布控点，效率低、不精确；如果井盖被冲走，人在水里找井很容易造成危险。如今，排水抢险人员手持北斗平板电脑，就能准确指示你抢险的点在哪里，精确度在1米之内，接近1米就能发出提示声。

此外，利用北斗精准测量设备，还可对河道排河口进行位置测量及排污状况调查，结合排水管网GIS系统，形成排河口状况专题图，准确掌握排河口的排污情况，为污水截流、管网建设和改造、区域水环境治理提供了详实准确的基础资料。

（3）变形监测

利用北斗系统，可以对房屋从施工建设到竣工使用进行全过程"体检"。北斗能够进行大范围覆盖的变形监测[①]，加上北斗的授时功能，形成了北斗自动、实时和精准同步的优势特征，同时，能够与地震监测数据结合，这使得"基于北斗高精度的建筑安全监测服务平台"将在建筑抗震监测、烈度评估和应急救灾等方面发挥重要的作用。早在2015年，国内某公司生产的M300 Pro GNSS高精度接收机就已应用于科威特国家银行总部300米高的摩天大楼建设（图12.42）。目前，全国各地已经普遍开展利用北斗高精度定位功能进行房屋"体检"的工作。

[①] 变形监测是利用专用的仪器和方法对变形体的水平位移、沉降、倾斜、裂缝、挠度、摆动和振动等进行持续观测，以便一旦发现异常变形可以及时进行分析、研究、采取措施加以处理，防止事故的发生，确保施工和建筑物的安全。

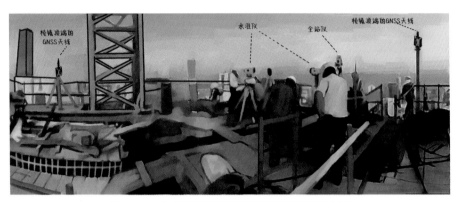

图12.42　北斗监测系统应用于科威特银行大厦

　　除了用于建筑物的变形监测之外，北斗系统在桥梁、尾矿、滑坡、大坝等监测方面有非常广泛的应用。2021年10月8日，中国科学院国家授时中心牵头，在世界海拔最高堰塞湖——塔吉克斯坦的萨雷兹湖大坝上建成首个基于北斗技术的大坝变形监测系统并正式开始运行，可提供实时毫米级变形监测服务（图12.43）。塔吉克斯坦地处地震活跃地带，科学家预测，一旦发生地震，萨雷兹湖堤坝有崩溃决堤的危险，湖水将吞没哈萨克斯坦、塔吉克斯坦、乌兹别克斯坦、阿富汗和土库曼斯坦等相关地区，殃及几百万人口并破坏中亚地区生态环境，损失不可估量。英国媒体在2007年将萨雷兹湖的可能溃决列为全球十大潜伏致命自然灾害之一。该系统变形监测的建成为保障萨雷兹湖大坝安全和中亚地区人民生活安宁起到了积极促进作用。

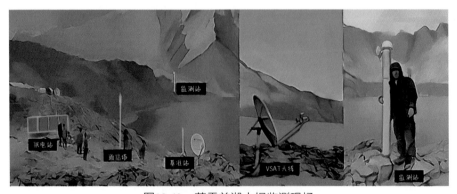

图12.43　萨雷兹湖大坝监测现场

（4）智能化户外装备

近年来，喜欢户外运动的"驴友"失联事件频发。据不完全统计，在现有的户外遇险意外/事故中，有73%是因为在户外迷路引发的。2021年12月，国内某户外运动品牌推出的北斗版防寒服通过自带的移动通信模块同步位置信息，可以绑定紧急联系人，保证用户在野外不会失联（图12.44）。"定位模块"主要功能包括：自动规划导航路线、查看近期足迹信息、设置安全围栏、随时定位（多种模式切换）、低电量报警和步数统计等。该款产品实现了"中国北斗卫星导航系统"在户外服装领域的实际应用，还为中国户外服装实现智能化指明了前进方向。

图12.44　国内某户外运动品牌的北斗版防寒服

某科技公司还提出了建设基于北斗导航的旅游应急救援指挥系统的方案。户外运动人员随身携带北斗信息救援终端（图12.45），如遇突发事件，该终端可快速可靠地记录、跟踪人员位置，通过位置服务管理系统，便于应急指挥中心、呼叫中心对遇难人员的情况进行了解，并实施救援。

图12.45　北斗信息救援终端

第13章　精确授时服务

时间对于当今时代的一切活动都有至关重要的作用。授时就是将某一标准时间信号传递给需要时间信息的用户（包括手机、电脑、电视机等），以使得整个系统的时间同步。卫星授时是目前最新、精度最高的授时方式。导航卫星上配有星载原子钟，以确保授时系统有精确的时间源。导航卫星将携带了精确标准时间信息及卫星位置信息的信号发播出去，接收机通过解算自己和卫星的钟差，就可以修正本地时间，完成授时。北斗授时基本架构如图13.1所示。北斗系统还具有双向授时模式。在双向授时模式下，用户需要与地面中心站交互信息，所有的信息处理都在中心站完

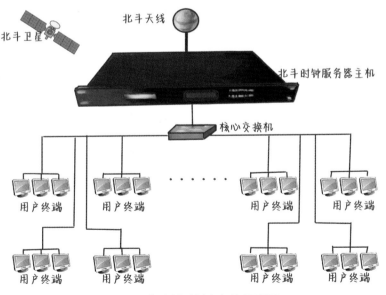

图13.1　北斗授时基本架构示意图

成。用户向中心站发起授时申请，中心站再将时标信号通过卫星转发给用户。用户将接收到的时标信号原路返回，由地面中心站计算出信号单向传播时延，再把时延信息发送给用户。双向授时可以更精确地反映时延信息，授时精度更高。

北斗全面迈向新时空服务

在全球范围内，北斗系统的授时精度优于20纳秒；在亚太地区，授时精度优于10纳秒，即亿分之一秒。虽然我们日常生活中不需要这么精确的时间，但在警力和战场调度、航天、电力、移动通信、金融交易、公共交通等领域中，高精度授时都非常重要。比如：在军事领域，时间对作战胜负起着关键作用；在电力系统中，如果没有精准统一的时间基准，各种自动化进程运行不同步，就可能发生电网事故，严重时将导致电网瘫痪；在移动通信网络中，如果基站的时间不同步，指令匹配就会出错，通信网络就无法正常运行；在金融系统中，如果时间不同步，交易记录就会混乱，黑客就可以利用时间差盗窃资金。

据《参考消息》报道，2016年1月26日，由于技术问题，GPS出现了13微秒的授时误差，持续了12小时，导致美国和加拿大警方、消防以及EMS快递的无线电设备停止运转，欧洲电信网络出现故障，英国广播公司电台停播长达2天，电网系统部分出现故障等一系列问题产生。而依赖GPS授时会对我国国民生产、国防安全带来一定的风险，我国首选的授时系统应该是北斗系统。

在现代战争中，时间基准对作战行动的影响早已跳出传统的海陆空领域，在天基行动中的影响更不可忽视。我国自2000年建成北斗一号导航试验系统伊始就正式具备了天基时间基准发播能力，为多军兵种联合作战提供了时间保障，并于2009年将北斗导航系统保持的协调世界时设定为军用标准时间，规定全军所有单位在执行任何军事任务时都必须使用军用标准时间，目前该军用标准时间已经实现24小时全天时全天候播发。图12.5所示的军用智能腕表即具备作战统一授时功能。

从2010年开始，北斗系统应用和探索就在国家电网中得到大力推进（图13.2）。北京、上海、西安三个灾备中心，都以北斗信号作为主时间源，为各个省区市公司提供精准的时间信息，现在覆盖率已经达到了100%。

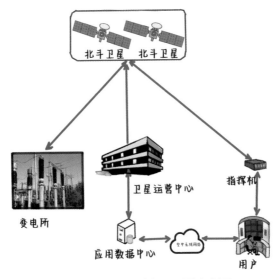

图13.2　北斗授时应用于国家电网

中国纵横南北的高速列车对精准时间要求极高，列车的准时出站及进站时间都需要精准的智能时间管理系统来完成每次的载运任务；以北斗为授时基准的高铁列车实现了运行、故障、通信和自动化的时间同步，对列车的时间位置等信息进行实时监控。到2020年铁路列车调度北斗授时应用率已达到100%。

地铁是智慧城市建设中最核心的公共区域之一，但卫星导航系统的导航信号却不能覆盖室内和地下空间，无法直接进行定位导航。北京地铁与全图通位置网络有限公司合作，综合应用"北斗授时+空间数字化+超宽带+5G"等技术，建设北京地铁城市轨道交通定位系统，为开展行车调度、维修安检、资产管理、应急指挥等工作提供高精度定位、导航和授时的基础性保障服务。如图13.3。

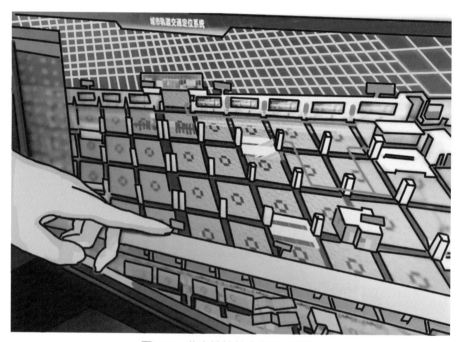

图13.3 北京地铁站台定位监测图

第14章 短报文通信服务

14.1 短报文通信的服务模式与主要性能指标

北斗是目前唯一可以进行短报文通信（Short Message Service，SMS）的全球卫星导航系统。北斗系统不仅能让我们知道自己在哪儿，其短报文通信服务功能还能让别人知道你在哪儿。北斗向亚太区域用户和全球用户提供SMS服务的基本模式和性能指标有所不同。

短报文：北斗看家本领和特色服务

亚太区域SMS用户要向GEO卫星发出定位请求和信息，卫星转发至地面中心，地面中心完成用户位置解算，并将位置和相关信息通过卫星回传给用户（图14.1）。主要性能指标见表14.1。

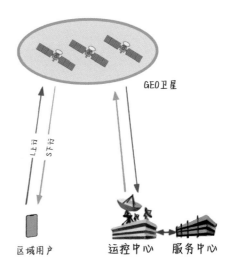

图14.1 亚太区域短报文通信服务模式示意图

表14.1　亚太区域短报文通信服务主要性能指标

性能特征		性能指标
服务成功率		≥95%
服务频度		一般1次/30秒，最高1次/1秒
响应时延		≤1秒
终端发射功率		≤3瓦
服务容量	上行	1 200万次/时
	下行	600万次/时
单次报文最大长度		14 000比特（约相当于1 000个汉字）
定位精度（95%）	卫星无线电定位系统（RDSS）	水平20米，高程20米
	广义RDSS	水平10米，高程10米
双向授时精度（95%）		10纳秒

　　北斗SMS服务通过MEO卫星的星间链路实现全球覆盖，向位于地表及其以上1 000千米空间的特许用户提供全球短报文通信服务。如图14.2、表14.2。

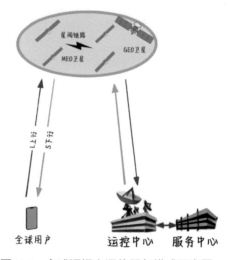

图14.2　全球短报文通信服务模式示意图

表14.2　全球短报文通信服务主要性能指标

性能特征		性能指标
服务成功率		≥95%
响应时延		一般优于1分钟
终端发射功率		≤10瓦
服务容量	上行	30万次/时
	下行	20万次/时
单次报文最大长度		560比特（约相当于40个汉字）

14.2　短报文通信服务的应用场景

北斗SMS服务具有全天候、全域广覆盖、可靠性高、抗干扰强等卫星通信的优点；和卫星电话相比，设备要求低、设备价格低、性价比高；可以和终端配合北斗的定位导航功能使用；还可进行一点对多点的广播传输，为

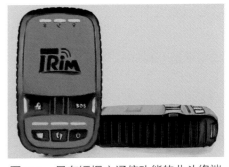

图14.3　具有短报文通信功能的北斗终端

各种平台提供极大的便利。自从北斗一号建成以来，作为普通移动通信信号不能覆盖的地区[1]或通信设施遭受破坏[2]时的应急通信手段和监控对象不能或不便主动通信[3]时的智能化监控与预警方式，装有短报文模块的北斗终端（图14.3）已经发挥了巨大的作用。

---

[1] 如无人区、荒漠、海洋、极地等。
[2] 如受到地震、洪水、台风影响等。
[3] 监控对象为动物、气象站、失能人群等。

1. 应急通信

（1）普通移动通信信号不能覆盖的情况

我国海洋渔业水域面积约为300多万平方千米，茫茫大海上是没有手机信号的。船航行在大海上出了突发问题要怎么办?打海事卫星电话？硬件设备和服务费都非常高。使用海事电台联系海事局？作用距离有限，不超过30海里。相比起来，装个北斗终端的话，就方便多了。北斗终端会自动把附带着定位信息的求救短信通过卫星发给岸上的救援队，以获得及时救助。

目前，我国渤海、黄海、东海、南海等海域的7万多条渔船装上了北斗终端。北斗也累计救助渔民超过1万人，被渔民称为"海上保护神"。海洋渔业是我国最早普遍采用北斗短报文通信的领域。据统计，早在2011年，浙江渔民利用北斗卫星发短信1 300万条，其中船与船互通604万条，船与手机互通696万条。

北斗卫星导航助力海洋渔业发展

近年来，沿海地区政府逐步完善船只的北斗终端部署工作。海南省于2019年完成了海洋与渔业通信指挥中心的建设。指挥中心的实时监控大屏是块超长超大的电子地图，足有两个影院巨幕大小。这幅巨幕上内容丰富，海南岛附近作业渔船、渔船类型、执法船艇、雷达目标，港口视频、渔场、养殖场，全部一目了然。屏幕内容涉及多个部门的海洋信息，在一张电子地图上一目了然、实时更新。超清晰的巨幕上，最惹眼的是色彩不一的帆船样小图标，这些图标遍布海南岛周边海域，一个个图标，就代表着一艘艘渔船，它们位置与移动轨迹，全部得到实时呈现。

2019年7月11日，海南琼海32位渔民出海遇险后，成功获救。当日清晨6时，32位渔民所在渔船利用北斗报警系统发出求救报警后，第一时间被海南省海洋与渔业通信指挥中心获悉，直至当天14：38被越南渔船搭救，指挥中心全程跟踪，协调多部门进行救援。"全省渔船实时位置可直观地显示在指挥中心系统上，一旦渔船海上遇险，只要按下警报器，平台便可立即收到信息，按照渔船的定位和行船轨迹，第一时间实施搜救。"海南省海洋与渔业监察总队指挥中心救援值班人员梁娜介绍，"如若渔船失联，也可通过轨迹回放查询船只在各时间节点的轨迹，预测船舶漂流路线，为海上搜救提供依据"。

沿海很多省份还通过北斗终端主动发送气象异报和预警信息，及时地保护了渔民安全，维持了生产生活秩序。2021年国庆期间，强降雨和热带气旋频频"上门"，海南省应急管理厅通过北斗系统向全省5 045艘渔船发送各类预警信息13次，共计6.5万船次。

北斗短报文技术在救援领域大显身手

基于北斗卫星短报文通信技术，还可以帮助森林消防业务人员在不依赖公共通信网络的情况下，依旧能在偏远山区实现应急通信和指挥调度的功能。2016年，湖北太子山国有林场、嘉鱼、恩施、丹江口、宜城、襄阳和浙江武义等地，分别为当地的护林员配发了"北斗巡护终端"，为实现林区资源管护信息化全覆盖迈出了重要一步。

西南某林区，此前因为面积大，且地处偏远山区，无论是前期的巡逻管理还是应急的防火救火，森林消防的业务人员一直都面临着现场情况更新有时延且通信、传输不稳定的问题。北斗定位和短报文服务不仅满足了一线业务人员大量的通信需求和现场情况上报等其他复杂的需求，配合相关的系统平台还能为后方的指挥人员提供一线业务人员的实时定位和点位打卡等功能，很好地解决了森林防灭火"最后一公里"常见的通信传输问题。如图14.4。

图14.4 北斗短报文通信服务应用于西南某林区

（2）通信设施遭受破坏的情况

虽然目前我国已建成全球最大光纤网络、4G网络和5G独立组网网络，但是当遇到自然灾害或事故时，比如持续的强降雨、地震、强对流等，通信基础设施往往会遭到破坏，从而造成网络中断，影响正常的抢险救援的指挥调度。此时，就可以采用具备短报文功能的北斗终端进行紧急通信。2008年汶川地震的时候，救援部队紧急配备了1 000多台北斗一号终端机，实现了各点位之间、点位与北京之间的直线联络。在灾区通信没有完全修复、信息传送不畅的情况下，各救援部队利用"北斗一号"及时准确地将各种信息发回。救灾指挥部通过北斗一号系统，精确判定各路救灾部队的位置，以便根据灾情及时下达新的救援任务。据统计，救援队伍通过北斗短报文的应急台通信功能发送了70多万条信息。在抗震救灾行动中，不仅能够显示位置信息，而且能快速传递调度信息，抢在"72小时黄金抢救时间"前，成功组织搜救大量受灾人员。

当前我国正处于城市化建设的高峰期，随着社会水平的提高以及城市面积的越来越大，原本用于疏水排水的人工河道以及天然湿地被水泥地占用，一旦遭遇暴雨、强暴雨袭击，路面积水成倍增加，形成洪涝，骤然积聚的洪水无法及时排出，无处可去，自然就形成了城市内涝的结果。应对城市内涝，除了必要的城市基础建设以及应急体系建设外，信息系统也是防治内涝不可缺少的一环，基于北斗短报文的数据传输应用可以在智能化监管、预警方面发挥极大的作用。结合北斗数据传输应用，建立具有灾害监测、预报预警、风险评估等功能的综合信息管理平台，可以在城市防涝的第一步建立起有效的监控防线。其中，基于北斗短报文的数据传输应用，作为城市防汛智能化的重要一环，为加强指挥平台的建设提供了信号传输方面的有力支撑。以北斗海聊北斗数据传输终端应用为例，依托北斗卫星系统，除了可以进行短报文收发外，还可以实现部分数据传输。它依托北斗数据传输终端，可以有效解决因持续暴雨造成的数据传输难题。实际上，在城市内涝的感知层面以及通信、数据传输层面，以北斗短报文为核心的数据传输应用，结合远程监控的技术可以帮助防汛人员及时了解到城市的排水情况，避免城市积水过多、无法及时排水的情况发生，一定程度上也减轻了城市内涝的威胁。北斗数据传输应用的存在，可以保证当公网数据传输基础设施因为持续暴雨等天气而停止工作时，仍然能够有稳定的数据传输效果。

2. 智能化监控与预警

给头羊、头牛等佩戴一个由北斗芯片、绑带和太阳能电池板组成的项圈，实现在家放牧，用到北斗的定位导航功能就行了[①]（图14.5）。但如果是要对藏羚羊、大象等野生动物进行跟踪研究或智能化监控，还需用到基于短报文通信功能的数据传输。

骆驼戴上"北斗项圈"
牧民在家放牧

图14.5　新疆牧民正在查看自家骆驼在戈壁滩上的情况

国家一级重点保护动物藏羚羊的活动很复杂：某些藏羚羊会长期居住一地，有一些有迁徙习惯；雌性和雄性藏羚羊活动模式又有不同。为了研究藏羚羊的迁徙路线和规律，中国科学院西北濒危动物研究所和中央电视台联合开展了2013年"我们与藏羚羊"科考行动，给15只母藏羚羊佩戴了航天科技集团九院772所研制生产的北斗项圈（图14.6）。项圈每隔一个半小时就传回一条信息，包括精确的时间、经纬度和海拔。用定位卫星记录和传送野生动物活动情况，这在世界上还属首次。通过15个北斗卫星跟

[①] 基于北斗的在家放牧，不仅在我国新疆、内蒙古等地的牧场已经很普遍，而且在2017年就已经惠及蒙古国等国家的牧民。

踪项圈的数据，科考队实地核实了西藏羌塘藏羚羊迁徙路线（图14.7）、迁徙途中的停歇地，尤其是藏羚羊产仔地的范围，并进一步实地调查了藏羚羊到达产仔地的时间，在产仔地的停留时间、活动规律以及离开产仔地的时间，沿途跟踪佩戴卫星定位项圈的藏羚羊每天的迁徙距离，为羌塘国家级自然保护区内藏羚羊的保护及保护区的功能划分调整提供了有力的科学依据。

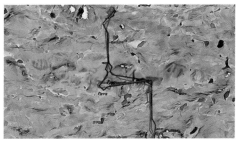

图14.6　2013年科考队在羌塘保护区内给藏羚羊佩戴北斗卫星项圈　　图14.7　母藏羚羊中6号项圈迁徙路线红线（2014年），黑线（2015年）

2021年3月至8月的云南野象群集体北迁并返回事件，让我们看到了中国保护野生动物的成果。但是，近年来，随着保护力度不断加大，大象数量增加的同时，也带来了一系列问题，最突出的就是野象损坏庄稼、伤害人畜的事件频繁发生，人象冲突不断加剧，许多村寨人人闻象色变。如何解决人象冲突？国内某公司研制的大象智能项圈（图14.8）充分融合了北斗系统的定位和短报文通信能力（图14.9），能实现对象群活动的精准监测和上报，进而帮助管理部门及时跟踪大象和发布预警信息，避免"缓冲区"和"人象冲突区"。当大象位于离村庄较远的"栖息地安全区"时，系统会间隔1小时采集一次位置信息，每6小时上报给管理部门。而当大象处于高风险的"人象冲突区"时，系统会在大象每运动100步就上报一次位置信息，以更加及时有效地实现预警作用。

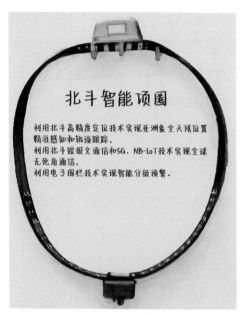

图14.8　某公司研制的周长超3米的
大象智能项圈

"北斗+"地灾防控
守护巴山蜀水
北斗短报文功能 关键
时刻传递救援信息

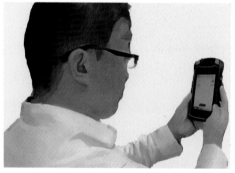

图14.9　技术人员在西双版纳原始森林测试
大象智能项圈的北斗短报文通信能力

北斗卫星的通信功能可以扫除气象通信盲区，保证气象数据传输的通畅性、及时性和可靠性。以那陵格勒国家基准无人气候站为例。那陵格勒河是柴达木盆地第一大河，属台吉乃尔盐湖重要水源涵养区，其发源于昆仑山脉阿尔格山的雪莲山及其周边广袤地区，海拔3 000米至6 000米。流域内水电、太阳能、风能资源非常丰富，综合开发潜能巨大。然而由于那陵格勒河地处高寒区，人烟稀少，气候资料一直空白。人员无法长时间驻站观察，常规的通信手段以及数据传输手段无法在高寒地区正常工作。这时候基于北斗短报文的卫星物联网数据传输系统可以借助北斗短报文的通信链路，在气候站的北斗卫星通信终端获取到气象数据后，便可利用北斗短报文的功能实时传送到系统后台，确保数据的实时有效。如图14.10。

图14.10　那陵格勒无人区国家基准气候站北斗上传数据调试

　　实际上，基于北斗短报文的数据传输除了可以进行野生动物追踪、帮助无人气候站传输数据之外，还可以在飞机追踪、船舶追踪、无人车船追踪等多样化的场景中得到应用。中国民航已经开展了全球运输航空器的追踪监控体系建设，最终的目的就是要实现我国的航空器在全球得到有效跟踪。北斗三号全球卫星导航系统的建成开通，将使我们基于自主知识产权技术的航空器追踪监控的目标得以顺利实现。目前中国国际航空公司的部分飞机已经完成了北斗终端的安装。北斗的全球短报文服务可以为民航飞机提供应急保障，而北斗的星基增强服务则能够使民航在航空运行和基础设施建设方面节约成本，提高效率。

第15章　国际搜救服务

15.1　全球海上遇险与安全系统和国际搜救卫星系统

为了保障海上航行安全，国际海事组织提出了全球海上遇险与安全系统（Global Maritime Distress and Safety System，GMDSS），已从1992年2月1日起全面实施。

国际搜救卫星系统（COSPAS-SARSAT）是全球海上遇险与安全系统的重要组成部分，最初是1981年由加拿大、法国、美国和苏联联合开发的全球性卫星搜救系统。该系统使用低轨卫星为全球包括极区在内的海上、陆上和空中提供遇险报警及定位服务，以可靠、方便、免费使用等优点赢得了人们的青睐，已救助了1万多名遇险人员。现在已有超过35个成员国，1994年中国成为了其中的一员。

COSPAS-SARSAT系统早期主要利用高轨GEO、低轨LEO卫星上安装搜救（Search and Rescue，SAR）载荷为遇险用户提供服务。出于对全球覆盖性及时效性的考虑，逐步发展为利用中轨MEO星座来为用户提供中轨搜救（MEO SAR）服务，成为COSPAS-SARSAT系统主要发展方向。目前，国际四大全球卫星导航系统的卫星上均安装有SAR载荷。

15.2　北斗的国际搜救之路

2017年10月，中国交通运输部派出的代表团在蒙特利尔的第31届国际搜救卫星组织联合委员会会议上，提交了两份文件：《北斗系统搭载搜救载荷技术状态》和《北斗系统搭载搜救发射计划》。会上，同意了将北斗系统及北斗系统搭载遇险搜救载荷写入国际搜救卫星组织中轨搜救卫星系统框架文件，这标志着北斗系统加入国际搜救卫星系统迈出了第一步。

2018年2月，国际搜救卫星组织第59届理事会批准北斗卫星搭载搜救载荷纳入国际中轨道搜救卫星系统发展规划，标志着北斗系统在加入国际搜救卫星系统进程中迈出了关键一步。同年，北斗卫星搜救载荷与伽利略卫星搜救载荷下行频率协调特别工作组会议在法国召开，原则上同意在COSPAS-SARSAT框架下北斗搜救载荷下行频率使用频移后的新频点。这标志着北斗卫星搜救载荷取得了独立的频点资源，为北斗系统加入全球卫星搜救系统奠定了坚实基础。当年9月发射的北斗系统第37、38颗卫星上搭载了SAR载荷。目前，北斗系统共在6颗中轨道卫星（MEO）上分别安装了SAR载荷，建成了北斗卫星搜救系统。北斗SAR载荷按照国际搜救卫星组织标准研制，可与GPS、GLONASS、GALILEO导航卫星上的SAR载荷共同为全球用户提供服务。

国际海事组织海上安全委员会第106届会议于当地时间2022年11月2日至11日在伦敦举行。会议通过决议，认可北斗报文服务系统加入全球海上遇险与安全系统。北斗系统成为继海事卫星系统、铱星系统后第三个通过认可的GMDSS卫星通信系统。

国际海事组织认可
北斗系统加入全球海上
遇险与安全系统

15.3 北斗的返向链路特色方案

1. 北斗中轨搜救流程

北斗三号的国际搜救服务，主要通过北斗中轨道卫星（MEO）、地面段以及信标机这三部分来提供服务。具体的搜救流程是（图15.1），遇险用户通过遇险信标发出406兆赫的遇险信号，携带用户标识等遇险信息，通过卫星上的SAR载荷转发后，由分布在世界各地的本地搜救终端站进行多普勒测量定位，计算遇险目标的位置，并将这些信息发送给本地的搜救任务控制中心。本地的搜救任务控制中心将这些信息发送给本地的救援中心以及遇险信标所在国的搜救任务控制中心。通常由本地救援中心牵头协调救援实施。新一代信标标准也支持遇险信标利用GNSS确定自身的位置，该位置信息属于遇险信息的一部分。

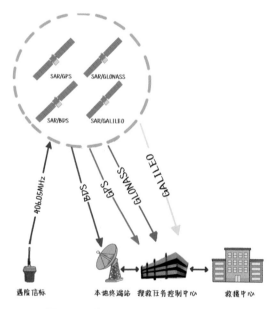

图15.1 北斗中轨搜救流程

　　由于SAR载荷仅能提供前向链路告警服务，存在较多的虚假告警信息，不能提供确认信息，使得搜救的效率低下。利用MEO导航卫星提供的返向链路服务，可为遇险用户提供遇险信息的确认消息，可提升搜救效率、增加遇险用户的心理安慰，提升搜救成功率。因此，国际搜救卫星组织已将返向链路作为一项先进功能，是国际搜救的热点方向。目前，北斗系统、GALILEO和GLONASS系统都支持返向链路服务，但是北斗三号返向链路独具特色：一是北斗三号利用国内的地面站及星间链路就可支持返向链路信息全球传输，不需要像GALILEO系统一样在全球范围建设数量众多的地面站来实现；二是采用支持确认等多种消息类型的B2b（MEO/IGSO）导航信号播发返向链路信息，可与GALILEO和GLONASS系统的返向链路服务进行互操作。

2. 北斗返向链路特色

　　北斗返向链路的具体流程是：遇险用户通过遇险信标发射具备北斗返向链路请求的报警信号；本地搜救任务中心收到并处理报警信号后，生成返向链路信息，并经北斗任务控制中心上注；通过B2b导航信号将返向链路信息发送给遇险者。本地搜救任务中心也可接收救援中心发来的有关救援相关的信息。如图15.2。

　　北斗三号的加入，为全球搜救尤其是海上搜救增加了有生力量。从以往的技术使用国家，到现在的技术提供国家，北斗系统为更多求救者带来生的希望。未来，北斗将不断提高搜救卫星系统的遇险报警服务能力，使搜救定位更精确、救援更迅速，为世界提供"中国守护"。

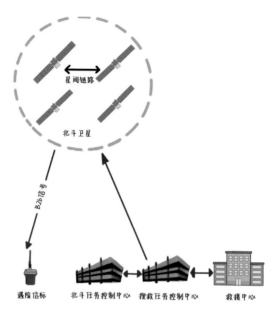

图15.2　北斗返向链路流程

第16章　星基增强、地基增强、精密单点定位

　　受制于卫星导航误差以及用户位置等多方面的影响，部分区域如地形复杂的山谷等仅依赖GNSS并不能到达理想的导航定位效果，同时一些对导航性能有特殊要求的领域如航空等，单独使用 GNSS 也不能完成相应要求的导航定位服务。基于以上原因，包含星基增强系统（Satellite Based Augmentation System，SBAS）在内的一系列导航增强系统应运而生，增强系统辅助配合 GNSS 的使用，使 GNSS 的定位精度等导航性能进一步提升，以满足不同区域不同领域特殊的定位服务需求。SBAS基本架构如图16.1所示。

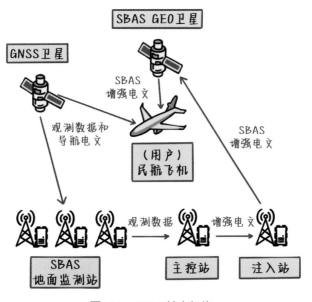

图16.1　SBAS基本架构

北斗星基增强系统获国际"身份证"
可向全球民航提供导航服务

16.1　星基增强

星基增强系统能为民用航空提供花费更低、可用性更高的导航功能，并将为航空领域带来巨大的经济和社会效益。首先，通过减少通信和雷达导引，降低了空管人员的工作负担，并且能为带有卫星导航接收机的军用飞机提供精密进场与着陆服务；其次，减小飞行时间和距离，可以节省燃料，降低飞行阶段的运行成本；最后，通过高精度定位，飞机可以按预定的航线重复飞行，减少飞行噪声对周边社区居民的影响。北斗星基增强系统（BDSBAS）利用地面监测站对卫星进行持续监测，基于观测数据生成差分完好性信息，并通过地球同步轨道向用户播发星历误差、卫星钟差、电离层延迟等多种修正信息，提供星基增强服务，实现对原有卫星导航系统定位精度的改进，以期为民航等高生命安全用户提供实时的高精度定位结果与高可靠性的完好性预警能力。

　　BDSBAS作为SBAS主要服务供应商之一，已经于2017年成功获得了国际民航组织星基增强系统服务供应商的合法地位。为了满足BDSBAS服务走向国际的需求，北斗系统在设计与建设过程中严格按照相关国际标准实施。2019年1月，国家民航局正式向中国卫星导航系统管理办公室提交北斗星基增强系统民航应用验证评估工作文件。2019年12月，民航局发布《中国民航北斗卫星导航系统应用实施路线图》，明确提出鼓励通用航空运营人加改装北斗系统航电设备，使用固定式或便携式终端实现位置报告。到2025年年底，我国将全面实现北斗通用航空定位、导航与监视应用，基本完成北斗星基增强系统运输航空定位导航应用，全面推动北斗系统运输航空导航及监视应用，实现大型无人机在混合空域运行等典型场景应用，积极支持"一带一路"国家民航应用北斗。

2019年12月25日，首架加装北斗航班位置追踪系统的国航波音737-800客机从北京飞抵喀什，这是北斗卫星导航系统在中国民航运输中的首次应用。北斗航班位置追踪系统界面如图16.2。

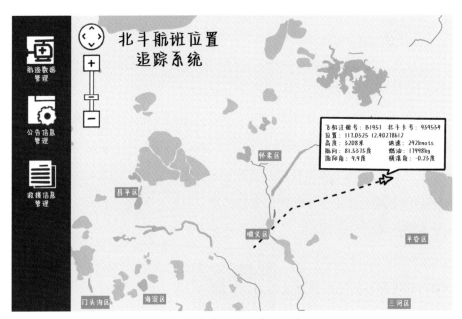

图16.2　北斗航班位置追踪系统界面

2020年11月，在第十一届中国卫星导航年会上，北京某公司正式发布首款支持BDSBAS的航空接收机——AIR20（图16.3），推动其在民航领域的应用。

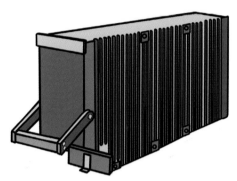

图16.3　AIR20北斗星基增强航空接收机

16.2　地基增强

北斗地基增强是在一定区域布设若干个连续运行的GNSS参考站（也叫基准站），对区域定位误差进行整体建模，计算出针对各项定位误差的改正数，通过网络或电台向外实时发送改正数，用户接收到改正数后直接对观测值进行改正，从而提高定位精度，且定位精度分布均匀、实时性好、可靠性高。

北斗地基增强系统：厘米级定位的关键

我国北斗地基增强系统于2014年9月启动研制建设，按照"统一规划、统一标准、共建共享"的原则，整合国内地基增强资源，建立以北斗为主、兼容其他卫星导航系统的高精度卫星导航服务体系。目前，该系统已形成由2 600多个地基增强站组成的全球规模最大、密度最高、自主可控和全国产化的"全国一张网"，具备在全国范围内提供实时米级、分米级、厘米级和后处理毫米级高精度定位基本服务能力，系统能力达到国外同类系统技术水平。

　　2013年9月，在第64届国际宇航大会期间，中国航天科技集团公司所属中国长城工业集团有限公司与巴基斯坦签署《巴基斯坦国家位置服务网一期工程协议》。该项目是巴基斯坦国家级重点基础设施，也是我国北斗系统地基增强海外首个组网项目，已于2014年5月顺利完成。一期工程在巴基斯坦卡拉奇市建立了5个基准站和1个处理中心，组成区域北斗定位增强网络，覆盖整个卡拉奇地区，实时定位精度达到2厘米，后处理精度5毫米，为巴基斯坦提供实时可靠的北斗高精度定位服务。巴基斯坦国家位置服务网后续将开展二期工程，届时将覆盖巴基斯坦全境。

　　北斗地基增强系统不仅可以在交通运输、精准农业、变形监测、自动驾驶、灾害防治等专业领域大显身手，而且可以推动北斗高精度定位成为触手可及、随需而用、低成本、高可靠性的公共服务产品。图16.4是基于地基增强服务的自动跟随旅行箱。

图16.4　基于地基增强服务的自动跟随旅行箱

16.3　精密单点定位

利用多台测地型GNSS接收机[1]、采取"同步[2]观测同一组卫星"的观测方法（图16.5），从而消除不同待定位点之间坐标差[3]中的绝大部分定位误差，相对定位精度可以达到毫米级甚至亚毫米级；如果观测时能利用绝对精度很高的已知点，则待定位点的绝对定位精度也可以达到毫米级甚至亚毫米级。除了需要高精度的已知点之外，这样对仪器设备、观测和数据处理方法也提出了相当高的要求，需要专业人员才能完成。

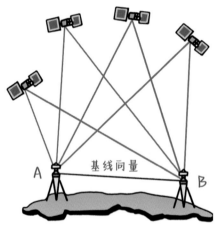

图16.5　"同步观测同一组卫星"示意图

精密单点[4]定位（Precise Point Positioning，PPP）技术，是指通过单台接收机接收精密卫星轨道和卫星钟差等信息，对接收机观测数据的各种

---

[1] 测地型 GNSS 接收机主要用于精密大地测量和精密工程测量。这类仪器结构复杂，价格较贵。

[2] "同步"在这里是"同时"的意思。

[3] 安置接收机的不同点之间的坐标差，在测绘界常常叫作基线向量。

[4] 这里的单点，区别于高精度相对定位时需要在多个点之间求坐标差。

误差项进行改正后，获取单点定位的高精度结果，可实现动态分米级、事后厘米级的定位服务。

国际全球卫星导航系统服务组织，已经在全球构建了若干个监测站，把精密轨道和各个卫星的精密钟差放到网上，用户想进行高精度定位，可以从互联网上下载高精度的轨道和高精度的卫星钟差。而"北斗三号"提供的精密单点定位（BDS-3 PPP），不需要通过网络。BDS-3 PPP服务由北斗三号的3颗GEO卫星在我国及周边地区播发北斗系统的PPP-B2b信号和其他GNSS信号的轨道和钟差等改正信息，可以为用户提供公开、免费的高精度定位增强服务（水平优于30厘米，高程优于60厘米，收敛时间优于30分钟），解决戈壁、矿山、海上等区域基准站架设困难、地基增强服务无法覆盖等问题。PPP-B2b服务系统如图16.6。

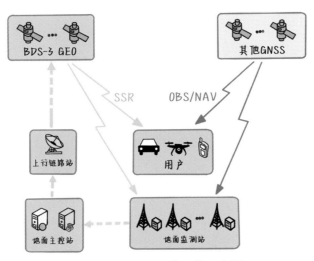

图16.6　PPP-B2b服务系统示意图

中国卫星导航定位协会发布的《2021中国卫星导航与位置服务产业发展白皮书》显示，2020年我国卫星导航与位置服务产业总体产值达4 033亿元人民币，较2019年增长约16.9%。其中，包括与卫星导航技术研发和应用直接相关的芯片、器件、算法、软件、导航数据、终端设备、基础设施等在内的产业核心产值同比增长约11%，达到1 295亿元人民币，在总体产值中占比为32.11%，增速略高于上一年。2021年5月26日，在中国南昌举行的第十二届中国卫星导航年会上，中国北斗卫星导航系统主管部门透露，中国卫星导航产业年均增长超过20%。预估到2025年，中国北斗产业总值将达到1万亿元。

《2021中国卫星导航与位置服务
产业发展白皮书》发布
北斗系统融入国家核心基础设施

2025年中国北斗产业总值将达
1万亿元

据我国著名卫星大地测量专家、武汉大学刘经南院士透露：2021年初，美国GPS首任总设计师在写给拜登总统的信中，不得不承认："经我们在美国和美洲测试，北斗定位精度，的确优于GPS。"2022年9月6日，某公司正式发布了支持北斗区域短报文通信服务的智能手机，可不换卡、不换号、不额外增加外设，实现移动通信和短报文通信的融合使用。中国人建成的世界一流的北斗，已经能为全球用户提供全方位的服务。根据后续建设计划，在确保系统连续、稳定、高可靠运行的同时，2035年，我国将建成更加泛在、更加融合、更加智能的综合定位导航授时体系，进一步提升时空信息服务能力。让我们在北斗的照耀下，共同期待更美好的未来！

补网卫星研制中 确保星座
长期稳定运行

我国成功发射微厘空间北斗低
轨导航增强系统S5/S6试验卫星
海上"一箭双星"发射任务
获得圆满成功

与新兴技术深度融合
下一代北斗系统已开始推动建设

第四篇

梦在前方　路在脚下

"少年强则国强，少年独立则国独立，少年自由则国自由，少年进步则国进步"。梁启超先生在1900年写就的《少年中国说》，鼓舞与激励着一代又一代中国青少年。

仰望星空、北斗璀璨，脚踏实地、行稳致远。中共中央、国务院、中央军委在北斗三号全球卫星导航系统正式建成开通的贺电中指出，要大力弘扬"自主创新、开放融合、万众一心、追求卓越"的新时代北斗精神。北斗精神不仅仅是对北斗科研人员的鼓励与赞赏，更是对青少年的殷殷期望！

新时代北斗精神：
自主创新 开放融合 万众一心 追求卓越

我们要大力弘扬自主创新的精神。我们不仅在卫星的单机与关键器件方面国产率达100%，而且创新式地提出中国方案：首创以地球静止轨道和倾斜地球同步轨道卫星为骨干、兼有中圆地球轨道卫星的混合星座方式；率先提出国际上高中轨道星间链路混合型新体制，形成了具有自主知识产权的星间链路网络协议、自主定轨、时间同步等系统方案。正如习近平总书记多次谆谆教导我们所说："自主创新是我们攀登世界科技高峰的必由之路。"创新不仅仅存在于科学研究中，更激发于平常的生产与生活中，青少年们只要善于思考，勤于练习，就会发现很多的创新机会。

混合星座 全球卫星导航系统的中国方案

我们要走向开放，更要走向融合。北斗系统作为一个综合的服务系统，实现了网络融合、终端融合、数据融合等多任务、多体系的综合发展，提倡多角度、多层次的国际交流融合。青少年们更应该"多看、多学、多思、多做"，不断增加自己的阅历，努力开拓视野，为将来更好地服务社会夯实基础。

我们要万众一心，努力学习。北斗卫星的成功研制涉及400多家单位，30多万科研人员，是当代中国集体精神的体现。正如习近平总书记在两院院士大会上所说，"我国社会主义制度能够集中力量办大事是我们成就事业的重要法宝"。作为社会主义的接班人，更应该努力学习，为建成富强、民主、文明、和谐、美丽的社会主义现代化国家而奋斗。

我们要追求卓越，成就未来。拥有独立的卫星导航系统，是政治大国、经济大国的重要象征。北斗的成功走的是前无古人的"中国道路"，除提供全球定位导航授时服务外，它还能提供短报文通信、星基增强等多种服务，满足了多元化需求。这是"北斗人"对北斗系统细致研究，不断追求极致的成果。"中国的北斗、世界的北斗、一流的北斗"，未来，北斗系统发展的脚步不会停歇，这种发展理念指引了青少年们为之奋斗的目标。

正如首任北斗卫星导航系统总设计师孙家栋院士说的那样，"北斗的应用只受人类想象力的限制"。现任北斗卫星导航系统总设计师杨长风院士也曾言："梦想无止境，北斗亦无止境。"灿烂星空，北斗闪耀，梦在前方，路在脚下。同学们可以积极参加各种科技活动，在北斗精神的指引下，为祖国建设的繁荣富强和构建人类命运共同体的美好未来而努力奋斗。本篇将介绍在国内影响力较大的"北斗杯"全国青少年空天科技体验与创新大赛，希望对同学们有所启发。

26年奋斗终成北斗
应用价值不可估量

28年征途！中国北斗的"全球
时代"已来！

专访中国北斗卫星导航系统
工程总设计师杨长风：
2035年我国将完成新一代北斗
系统研制

第17章　"北斗杯"全国青少年空天科技体验与创新大赛

"北斗杯"全国青少年空天科技体验与创新大赛（简称"北斗杯"大赛[①]）是教育部认可的2022—2025学年面向中小学生开展的44项全国性竞赛活动之一，由教育部科学技术司、共青团中央学校部、中国科协青少年科技中心、中国卫星导航系统管理办公室于2010年联合启动。

在社会各界的积极参与下，到2022年"北斗杯"大赛活动已成功举办13届，规模和质量逐届稳步提升，是卫星导航领域最具权威性、专业性、公正性以及影响力最高的全国性比赛。13年来，青少年科普活动发展迅速，每届参与人数由数千人发展到目前的近十万人；参加北斗科技活动师生达80万人次，覆盖全国近600所高校和中学，开展院士专家进校园科普讲座近400场，受众师生达40万人次；对科技教师开展培训活动20余场，培训科技教师2 000余人；在"北斗杯"大赛的基础上，相关部门举办了"北斗领航梦想"活动、"北斗乐跑"等科普实践活动，受众超40万人次，为北斗系统长足发展，以及国家综合定位导航授时体系建设，搭建起了人才培养、学术交流的重要平台。

[①] 第一届至第十三届的全称是"北斗杯"全国青少年科技创新大赛，大赛网址：http://www.bdlead.cn/.

大赛旨在大力弘扬新时代北斗精神，宣传北斗系统的科普知识，开拓培养与交流的渠道，搭建全国青少年科技文化交流的平台，提高青少年的科技创新能力、实践能力，打造我国青少年科技活动知名品牌，为北斗系统工程建设与应用创新增添活力。大赛也是中国卫星导航学术年会（CSNC）科普活动重要内容之一。图17.1为孙家栋院士题词。

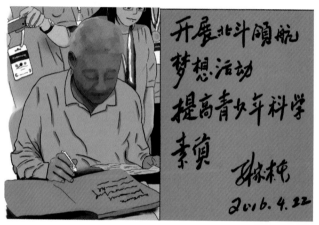

图 17.1　孙家栋院士先后4次为"北斗杯"大赛题词

17.1　大赛介绍

大赛参赛对象为国内外在校本科生、研究生、高职院校学生、教师及青少年北斗科技爱好者，分为本科生组、研究生组、高职组、中学科技教师组、少年个人爱好者组（年龄小于18周岁）、青年个人爱好者组（年龄大于18周岁、不满34周岁的非在校生）。参赛主题可在北斗卫星导航科技与应用领域自由选择，突出北斗导航应用创新，将北斗卫星导航系统在各行各业中的应用作为突出重点；作品形式可以是应用产品制作、创新应用方案、科技论文等，鼓励实物创新产品研发制作。图17.2为大赛评审现场。

图17.2　大赛评审现场

　　大赛奖项评选遵从规范严格程序，重点突出作品的科学性和创新性；赛事分为分赛区初赛、全国总决赛初评和最终审定三个阶段；评审委员会由资深专家组成，秉承公平、公正、公开的原则，最终评选出一等奖、二等奖、三等奖、优秀奖、十佳优秀科技教师奖和优秀组织奖等奖项。大赛颁奖典礼、评委与选手如图17.3、图17.4。

图17.3　大赛颁奖典礼

图17.4　许其凤院士与获奖选手

　　大赛颁奖典礼通常在中国卫星导航学术年会期间进行，邀请导航或相关领域的专家、学者、大赛主办单位和承办单位的领导及获奖作者、优秀组织单位代表欢聚一堂。大赛为优秀获奖学生举办不同形式的夏令营，如参观中国航天城、卫星总站、科技馆、中国航空博物馆，参与科学实验及无人机实操等，并与相关专家交流、合影留念。如图17.5、图17.6。

图17.5　参观中国航天城

图17.6　无人机实操活动

　　大赛还在全国各大、中学校组织专家、院士进校园活动，请他们为同学们奉献精彩的科普报告，并提供与他们面对面交流的机会。大赛也将举办一系列北斗游学等科技实践活动，激发同学们的创新热情。如图17.7~图17.9。

图17.7 龙乐豪院士在江苏省常州市龙锦小学进行北斗科普讲座

图17.8 谭述森院士赴云南省开远市第一中学进行北斗科普讲座

图17.9 杨元喜院士在中南大学参加"仰望星空"科普系列讲座

大赛对优秀获奖学生进行持续培养，如专家、院士在高考自主招生中为优秀获奖学生写推荐信，优秀本科学生进入高校（尤其是教育部卫星导航联合研究中心的21所成员高校）实验室实践、享有北斗科普教育基地提供的服务、进入相关优秀企业进行实习、到国外名校进行深造等。

17.2　获奖作品欣赏

1. 第十二届"北斗杯"大赛优秀作品

下面是获得第十二届"北斗杯"大赛少年个人爱好者组一等奖的4个作品。

（1）基于北斗导航的漂流自主避障式自动水质检测球

作　　者：徐芮琳、余欣颖

指导教师：龙新明、张晓容

所在省市：四川省成都市

作品介绍：本项目设计了一种基于北斗导航的漂浮在水面的流动式水质检测球，通过流动式检测，收集水质大数据。检测球由供电模块、数据检测模块、回传模块、避障模块组成，通过配重和对称安装将重心控制在球体底部，使其偏转后迅速复原。供电模块通过太阳能电池板向锂电池充电，为整个系统提供电源。数据检测模块由pH传感器、ORP传感器、电导率传感器、浊度传感器、北斗导航定位系统（BDS）组成，检测水质信息、记录位置信息。回传模块利用北斗定位与通信模块把获取到的不同位置水质数据发送至服务器。避障模块由摄像头、电机、螺旋桨组成，检测球遇障后，启动视频回传，使用者远程操控避开障碍物。实地测试实现了水质自动检测、位置记录，且成功避障，达到了预期效果。如图17.10~图17.13。

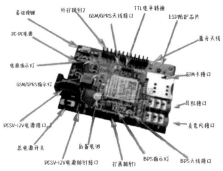

图17.10　MC20GSM/GPRS/BDS

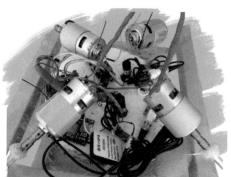

图17.11　模块开发板平面图

图17.12　检测球整体

图17.13　实地测试

（2）基于北斗导航系统的户外位置追踪与安全保障方案

作　　者：任鹏举

指导教师：王光敏

所在省市：陕西省西安市

作品介绍：随着旅游业的发展和科技的发展，针对"驴友"和科研工业者的野外探索的安全问题，很多通信系统相继出现。但由于移动网络信号无法全部覆盖，尤其是在较偏远地区，当遇到突发情况时无法及时将位置信息发送出去，且自带的GPS设备终端只能实现卫星定位信息的单向接收，不能发送。为此，本项目研究并设计了一种基于北斗导航系统的户外位置追踪与安全保障系统，GPS/北斗双模定位技术实现精准定位，LoRa

无线通信技术实现主控台与基台间远距离无线通信，ATK-LORA-01模块实现远程无线通信，摄像头模块使用OV7725采集基台图像信息实现对环境的探测，并采用CN379作为太阳能充电管理芯片稳定供电。该系统能为在野外和偏远地区的"驴友"与工作人员提供发送定位信息和其他数据信息的功能，并将信息数据远距离地传输给上位机监控端。可时刻关注"驴友"与工作人员位置，在作业人员处于危险情况下对其进行搜寻和救助，保障野外作业人员的安全。如图17.14、图17.15。

图17.14　基台初始化示意图　　图17.15　摄像头模块启动示意图

（3）基于北斗的智能安全驾驶检测系统

作　　者：钱炜程、徐可声、黄毅成、单雨涵

指导教师：施卡祥

所在省市：浙江省绍兴市

作品介绍：随着科学技术的不断发展，智能监测系统的不断完善，道路安全也越来越有保障。在交警部门的努力之下，超速现象减少，危险路段有提前的提示，汽车必须做定期的保养……然而驾驶员的安全意识淡薄，成为交警检查的盲区。针对这个问题，可以制作像"健康码"一样的有助于交通部门监管的工具。可以先从出租车、运货车、公交车等有上级系统监管的车辆开始，对车主是否酒驾、是否疲劳驾驶等问题进行监

测。让安全监管无死角，保障行车安全。同时，本产品还赋有安全距离警报、检测车内车厢温度、监测振动的功能。通过对行车路段湿度、坡度等不定因素的分析，结合汽车自身速度，计算汽车实时的安全距离。超出了以道路限速为红线的较为粗略的标准，做到了为车主私人定制，实时监测，因此适合私家车使用，努力把事故发生概率减到最小。如图17.16~图17.18。

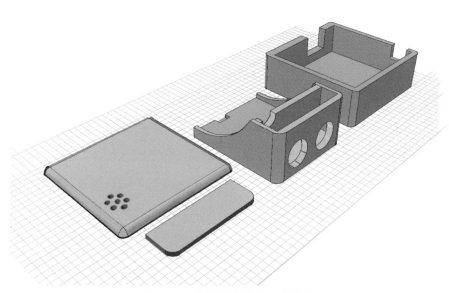

图17.16　传感器安装盒3D设计图

图17.17　实体照片1

图17.18　实体照片2

（4）基于北斗时空智能主机的"潮汐"桥梁安全智能监测系统

作　　者：宋禹泽、唐恺洛、邱子怡

指导教师：施卡祥

所在省市：浙江省绍兴市

作品介绍：随着社会的迅速发展，我们的交通也越来越便捷。然而，无论在马路抑或是公路桥上，往往会出现各种各样的问题。因此，针对桥梁上发生的交通问题，设计了该智能桥梁安全监测系统，以改善桥梁的交通状况，有效降低事故发生率。本系统由水面监测模块和桥面监测模块两部分组成，通过雨滴传感器、烟雾传感器、振动传感器、压力传感器、粗糙度传感器、超声波传感器、双色LED、无源蜂鸣器、舵机、LCD液晶屏等组件的配合使用，实现了以下几项功能：水位高度的监测与预警，船只安全通过的甄别，桥面共振、烟雾浓度、桥面冰雪覆盖的监测与预警，桥面交通状况的监测以及基于此的智能实时潮汐车道。本系统的主要创新点有：

① 实时潮汐车道的设计，运用北斗卫星的短报文通信、数据上传与下载、信息发布、定位功能，织起一张桥面道路疏通的大网，为广大驾驶员便利出行提供了有效的保障。

② 对于大雾天气及雨雪天气造成的桥面交通不便的状况，该系统通过对路面情况的监测并将状况及时上传和发布到第三方平台，为桥面安全通行提供了便利和保障。

③ 在实时监测中，该系统有效避免了飞鸟、浪潮等偶然因素的影响，保证了监测结果的准确性、有效性。

2. 第十一届"北斗杯"大赛优秀作品

（1）基于Arduino和北斗导航的智能转弯路况检测仪

作　　者：覃勉

指导教师：龙新明

学　　校：成都市华阳中学

作品介绍：据调查，我们国家很多交通事故都是发生在转弯路口的，特别是在交通设备不发达，没有智能提示的地方，唯一有的就是凸面镜和道路交通标志，这有助于预防事故的发生。但这种提示方法也存在局限性，比如：夜晚遇见行人，行人可以根据车辆灯光避让，但车主很难发现行人的行踪；还有各种天气状况如"团雾"、下雨、下雪、降霜结冰等局部地区微气候环境的变化影响，凸面镜和道路交通标志的提示功能就受限了。所以设计"基于Arduino和北斗导航的智能转弯路况检测仪"，通过在公路或山路拐弯处安装上这个系统实现智能检测、提醒和预防事故的功能。

该系统由北斗地面信标、北斗卫星导航系统和控制器中心处理系统组成。控制器中心处理系统由超声波传感器、人体红外传感器、LED灯、光感传感器、温湿度传感器、OLED屏幕、射频发射器和控制器Arduino单片机等组成。北斗地面信标由北斗导航芯片、北斗卫星导航系统射频接收机、无线射频接收器、屏幕显示和超声波接发器组成，共同完成定位、接收位置信息、计算位置信息、接收地面系统发来的信息和超声波传感器自动感知测量前后左右车辆距离等。如图17.19。

当两个或多个信标距离达到一定范围时，开始驱动控制器中心处理系统运行，若超声波传感器检测到对面有来车、人体红外传感器检测到有行人通过时，会在OLED屏幕显示提醒开车司机，同时射频发射器会把实时信息发送到司机用户端显示提醒。另外，当遇到一定天气状况时，如冰雪天气等，系统也会在OLED屏幕上和司机用户端进行提醒。当环境比较暗时系统会自动点亮LED灯给行人和来车照明。

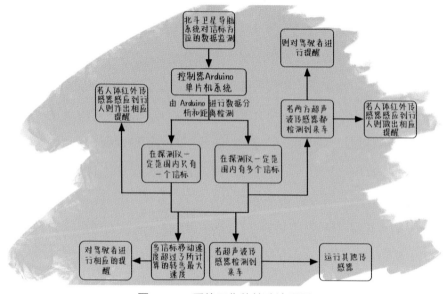

图17.19　系统工作的简略流程图

（2）电动车智能安全头盔

作　　者：杨吉伟

指导教师：陈强

学　　校：南京师范大学附属中学秦淮科技高中

作品介绍：本设计针对中国电动车新国标下旧电动车使用的安全问题，设计并制作电动车智能安全头盔（图17.20）。该头盔以STM32F103为控制核心，搭载0.96寸OLED显示屏、高清摄像头、北斗定位模块、移动网络收发模块、中文语音合成模块和数字功放板，并利用OneNET中国移动互联网平台进行物联网通信（图17.21）。开机后，头盔自动提醒骑行人遵守交通法规、注意安全驾驶，并在低电量时发出警报；基于北斗定位技术，可实时监测经纬度信息与骑行人车速，当车速超过15千米/时的时候持续发出提示音，当车速超过25千米/时的时候发出紧急报警提示；基于物联网技术，可实时将骑行人地理位置信息通过物联网模块上传至OneNET云端，可实时在电脑或手机上查看骑行人的位置信息与速度信息；当出现紧急情况时，骑行人可启动一键求助功能，自动向紧急联系人发送求救短信；同时，头盔顶端配备迷你摄像头，可实时将行车情况记录在存储卡内，当出现事故定责时可作为法律证据。测试结果表明：该头盔功能稳定，数据准确；其有利于更好地维护城市交通安全秩序；当发生事故时，该头盔可保障骑行人安全，并及时联系其家人求助。如图17.22、图17.23。

图 17.20　头盔外观

图 17.21　语音合成模块和迷你功放板

图 17.22　OneNET平台查看骑行轨迹

图 17.23　一键求救功能测试

（3）基于北斗卫星导航对海洋漂流垃圾进行跟踪与治理的应用方案

作　　者：吴冷熙

指导教师：纪小林、叶泽

学　　校：开远市第一中学校

作品介绍：众所周知，海洋垃圾已经成为现代人最为棘手的问题之一。人类生活在陆地上，却忽略了垃圾由陆到海的流动，从未重视海洋中的"漂流者"。国家海洋局最新监测结果表明，我国海面近年来日渐异常的气候也与海洋垃圾有关，大量水域的污染让人类不得不认识到保护海洋环境的重要性。本项目就是要借助北斗，利用北斗的导航和定位等功能，对海洋漂流垃圾进行分类，并跟踪其流动轨迹，从而制订治理顺序的应用方案。此应用方案的整体原则是先跟踪后治理，定位与行动并举，切实治理海洋垃圾。在不同情况下，提出多个解决方案：一是通过载有北斗芯片的漂流球跟踪定位确定洋流方向与垃圾堆集处；二是利用卫星地图与温度图找出异常位置并定位；三是利用鱼对水质的喜好投放装有定位器的鱼，并以其生活情况与游向定位来推测垃圾污染状态，定位垃圾位置等。另外，此应用方案还可以得到中国近海的洋流、旋涡等重要情报。如图17.24。

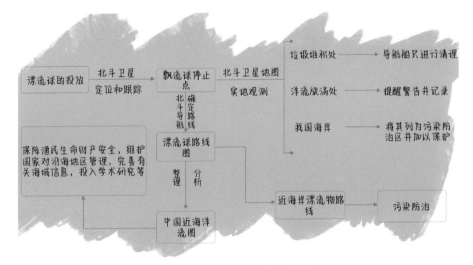

图 17.24　主方案实施流程图

（4）基于北斗定位的疫情防控系统

作　　者：王鸿

指导教师：龙新明

学　　校：四川省德阳市第五中学

作品介绍：2020年3月，世卫组织认为新冠肺炎疫情全球大流行。此类疫情常常传播快、扩散广。当疫情来临时，对于我国这类人口高密度国家，形势尤为严峻。对此，思考能否运用便携式的手环并结合疫情患者发热等共性，为中国乃至全球的疫情防控出一份力。

本系统主要由北斗定位系统、主机端、智能手环、APP四部分构成。智能手环系统主要由体温传感器与病毒传感器组成。体温传感器用于实时检测可疑感染者体温，病毒传感器能够获得各个佩戴者的大量数值信息，并且搭载有通信模块，可将信息反馈给数据处理中心及亲朋的远程监控端。如图17.25。

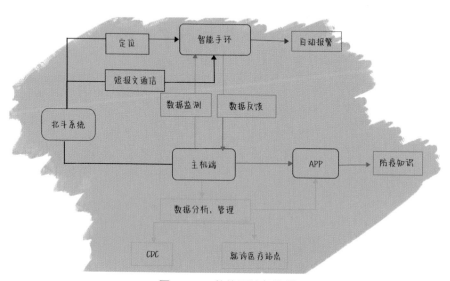

图 17.25　总体系统架构图

本系统主要运用于疫情发生时，通过佩戴智能定位手环（图17.26），来实时掌控可疑疫情感染者动向。系统主要利用接触式传感器监测，一旦监测数据异常，通过北斗卫星导航系统和智能定位手环将信息及时反馈至疾控中心、社区服务、家属亲朋等远程监控端及数据处理中心，同时运用北斗短报文技术将危急情况及时告知患者及周边人员，再通过系统向邻近医护站点发出求救信号。医护人员或警方通过基站能准确判断感染者位置，从而将其立即隔离并采取救助措施，达到快捷、最大化防控疫情的目的。

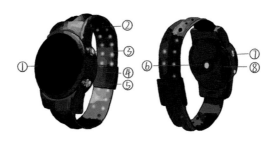

①显示屏　②手环带　③led灯　④锁扣　⑤开/关机键
⑥人体感应器　⑦充电接口　　⑧SIM卡槽

图17.26　智能手环外观（壳体表面密闭并涂有防水涂层）

参考文献

[1] 李继强. 基于仿生学的机器人能耗最优运动轨迹规划方法研究[D]. 天津：河北工业大学，2018.

[2] 新浪博客. 蝙蝠毫无食用价值，它的真正价值是军用，让人类发明了雷达和声呐[EB/OL]. （2020-02-12）[2022-03-01]. http://blog. sina.com.cn/s/blog_5038e7bd0102zahr.html.

[3] 廖阳，闫荣玲. 蝙蝠的定位与导航[J]. 生物学教学，2015（3）：7-9.

[4] 欧阳江南. 神奇的蝙蝠王国[J]. 资源与人居环境，2015（10）：36-42.

[5] 鬼谷藏龙. 蝙蝠：飞着导航，定位系统得是三维的[EB/OL]. （2014-12-12）[2022-03-01]. https://www.guokr.com/article/439640.

[6] 王月霞. 科普知识百科全书：生物仿生知识篇：下[M]. 呼和浩特：远方出版社，2006.

[7] 乌尼尔夫. 中国马业综合数据库的建立及马基因组序列预测[D]. 呼和浩特：内蒙古农业大学，2009.

[8] 刘志才. 动物王国大揭密[M]. 合肥：安徽人民出版社，2012.

[9] 科技工作者之家. 欧洲鳗鱼洄游的秘密："磁性"记忆[EB/OL]. （2019-10-21）[2022-03-01]. https://www.sohu.com/ a/348465135_120047190.

[10] 邓子卿. 小鳗鱼横跨大西洋，精密的磁场导航系统来帮忙[EB/OL]. （2017-05-21）[2022-03-01].

[11] 周魁一，谭徐明．水利与交通志[M]．上海：上海人民出版社，1998．

[12] 蔡颖岚，胡伟，张经洪，等．半导体工艺测试设备应用技术研究[J]．设备管理与维修，2018（12）：147-149．

[13] 丁衡高．海陆空天显神威：惯性技术纵横谈[M]．北京：清华大学出版社，2000．

[14] 陈峰．智能无线电技术在高速公路中的应用[J]．交通世界，2014（10）：310-311．

[15] 刘泽宇．地面航空电台电磁环境测试与干扰诊断研究[D]．大连：大连理工大学，2014．

[16] 张新娜．蝙蝠叫声种群识别神经网络系统研究[M]．长春：东北师范大学，2008．

[17] 澎湃新闻．26载风雨兼程，北斗背后的非凡和不易[EB/OL]．（2020-06-23）[2022-03-01]．https://www.163.com/dy/article/FFQ5DJNP0514R9P4.html．

[18] 张绍忠．兵器知识库（二）[M]．北京：兵器工业出版社，1992．

[19] 朱葛胜．论GNSS在海洋测绘中的应用[J]．建筑工程技术与设计，2018（10）：746．

[20] 乔雪峰．带你认识中国北斗卫星导航系统[J]．珠江水运，2015（15）：22-24．

[21] 北斗网．北斗升空记[J]．中国测绘，2019（2）：6-7．

[22] 万述明．基于GNSS和GIS技术的科目二驾驶人考试系统的设计与研究[D]．阜新：辽宁工程技术大学，2013．

[23] 初东．GPS在公路工程测量中的应用研究[D]．西安：长安大学，2005．

[24] 郑晶茹，郑萍，冯林刚. 北斗卫星导航系统及其应用[J]. 西部资源，2012（6）：155-157.

[25] 蒋天小，赵金峰，郭瑞宇，等. 北斗导航系统在精细农业系统中的应用[J]：数字通信世界，2016（2）：322-323，351.

[26] 徐孝芬. 基于X射线脉冲星的组合导航系统设计[D]. 西安：西安电子科技大学，2012.

[27] 程佳俊. 成都"一市两场"的机遇和挑战[J]. 大飞机，2019（12）：20-23.

[28] 杨照德. 中国早期导航卫星探索[J]. 太空探索，2016（4）：58-61.

[29] 王礼恒. 中国航天腾飞之路[M]. 北京：中国文史出版社，1999.

[30] 史志鹏，姜忠奇. 北斗"三步走"开启服务全球时代[J]. 科学大观园，202（14）：18-19.

[31] 北斗网. 每颗北斗卫星都有自己的功用！[EB/OL]. （2020-07-10）[2022-03-01]. http://www.beidou.gov.cn/zy/kpyd/202007/t20200713_20772.html.

[32] 欧阳. 人造卫星当空舞[J]. 国际太空，2016（9）：17-26.

[33] 新华社. 我国将发射两颗北斗二号备份卫星提升系统服务性能[EB/OL]. （2018-05-25）[2022-03-01]. http://www.gov.cn/xinwen/2018-05-25/content_5293715.htm.

[34] 刘经南，高辛凡. 北斗卫星导航系统的大国形象铸造与新型传播生态[J]. 浙江传媒学院学报，2018（3）：2-8.

[35] 科工力量. 天上这些星星，是中国人建成[EB/OL]. （2018-12-29）[2022-03-01]. https://t.cj.sina.com.cn/articles/view/5952916295/162d24b4701900epb1.

[36] 羽佳. 双星定位法与北斗1号卫星导航系统[J]. 航天返回与遥感, 2004（1）: 65-67.

[37] 张呈斌. 卫星移动终端圆极化天线研究[D]. 西安: 西安电子科技大学, 2008.

[38] 中国航天科技集团公司. 北斗导航卫星试验系统成功运行十周年 [EB/OL]. （2011-01-26）[2022-03-01]. http://www.sasac.gov.cn/n2588025/n2588124/c3978644/content.html.

[39] 苑国良. "北斗一号"系统在抗震救灾中的应用[J]. 中国减灾, 2008（8）: 36-37.

[40] 新华网. 天上的星星参北斗: 总参卫星导航定位总站实践强军目标纪实[EB/OL]. （2013-11-11）[2022-03-01]. https://www.163.com/news/article/9DCRBTJN00014JB5_all.html.

[41] 和静钧. 中欧频率之争如同"龟兔赛跑"[J]. 太空探索, 2010 （3）: 14-15.

[42] 李阳, 董涛. "北斗"卫星导航系统的概述与应用[J]. 国防科技, 2018（3）: 74-80.

[43] 吴巍. 我们的"中国心"让北斗这张国家名片更加闪耀: 记国家科技奖进步特等奖获得者航天科工二院203所北斗铷原子钟团队[J]. 中国军转民, 2017（14）: 22-23.

[44] 央视网. 北斗背后的故事铷原子钟研制团队: 让北斗卫星的"心脏"300万年差一秒[EB/OL]. （2020-08-03）[2022-03-01]. http://news.cctv.com/2020/08/03/ARTI0jNGorlM1YuCp9xI94qn200803.shtml?ivk_sa=1023197a.

[45] 云菲. 中国获得 Ku 频段新增频率划分[J]. 卫星应用, 2016（2）:

86-87.

[46] 何奇松. 太空安全问题研究[M]. 上海：复旦大学出版社，2014.

[47] 摩登中产. 为什么要拼命研发北斗，被逼急了！[EB/OL]. （2020-08-02）[2022-03-01]. https://zhuanlan.zhihu.com/p/166041457.

[48] 西安晚报. 西安制造新一代高精度铷钟亮相首发双星[EB/OL]. （2017-11-06）[2022-03-01]. https://xian.qq.com/a/20171106/006391.htm.

[49] 郭晓宇. 基于高精度GNSS的声源定位系统的研究与设计[M]. 济南：山东大学，2018.

[50] 李阳，董涛. "北斗"卫星导航系统的概述与应用[J]. 国防科技，2018（3）：74-80.

[51] 庞丹，潘晨，紫晓. 北斗第三步，当惊世界殊：北斗三号发射成功纪实[J]. 中国航天，2017（12）：12-18.

[52] 驭驰. 我国首个立体测绘卫星星座组成[J]. 太空探索，2020（9）：5.

[53] 贠敏，张曼倩. 全力推动东盟北斗精密定位应用[J]. 卫星应用，2015（8）：31-35.

[54] 《卫星应用》编辑部. 2018年中国卫星应用若干重大进展[J]. 卫星应用，2019（1）：10-16.

[55] 胡喆. 坚持自主创新北斗之路越走越自信[N]. 经济参考报，2019-05-21.

[56] 张航. 四位参与北斗建设的"老总"：让北斗成为闪亮的"国家名片"[N]. 北京日报，2020-07-31.

[57] 成振龙. 有多少北斗芯片，值得我们期待？[J]. 卫星应用，2015（1）：62-67.

[58] 陈冲. GPS捕获算法及中频信号采样器的研究与实现[D]. 南京：东南大学，2012.

[59] 《卫星应用》编辑部. 2014年中国卫星应用若干重大进展[J]. 卫星应用，2015（1）：18-23.

[60] 郝哲. 捧出"中国芯"共圆北斗梦：访中国北斗导航芯片研发先锋韩绍伟博士[J]. 中国测绘，2020（8）：27-30.

[61] 何兰慧. 卫星导航与位置服务产值超4 000亿高精度应用加速增长[N]. 人民日报（海外版），2021-05-20.

[62] 高博. 北斗卫星使用国产CPU，航天772所设计[N]. 科技日报，2015-07-28.

[63] 孙武. 实践十号卫星有颗"中国大脑"：龙芯抗辐照芯片[EB/OL]. （2016-04-19）[2022-03-01]. https://www.guancha.cn/Science/2016_04_ 19_357518.shtml.

[64] 宗体. 创新跨越新一代"北斗"导航卫星关键技术得到验证：专访"北斗"导航卫星总设计师谢军[J]. 国际太空，2015（12）：1-4.

[65] 《中国集成电路》编辑部. 信息动态[J]. 中国集成电路，2015（9）：1-16.

[66] 吴彪，吕腾波，李爽，等. "芯"火相传强国梦：记中国航天科技集团有限公司九院772所所长陈雷及团队[J]. 科学中国人，2020（19）：32-36.

[67] 中国航天科工集团有限公司. 我们的"中国心"为世界时间定位：航天科工二院203所北斗导航星载原子钟研制发展记[EB/OL]. （2018-02-22）[2022-03-1]. http://www.sasac.gov.cn/n2588025/n2641616/c8637023/content.html.

[68] 詹媛，部英男，吴巍. 揭秘北斗卫星的"中国心"[EB/OL]. （2018-02-13）[2022-03-01]. http://www.chinalxnet.com/show/

id/22688. html.

[69]　北京日报. 解码北斗三号：有其他系统不具备的性能[EB/OL].
　　　（2017-11-08）[2022-03-1]. http://www.ourjiangsu.com/a/20171108/
　　　1510111587483. shtml.

[70]　汉岚. 北斗三号"收官之星"点火升空，谁都无法阻止中国北斗
　　　卫星在太空建立"群聊"[EB/OL]. （2020-06-23）[2022-03-01].
　　　https://tech.ifeng.com/c/7xXjoH5nx6b.

[71]　胡喆，潘晨. 北斗团队托起"航天强国梦"[J]. 科学大观园，2019
　　　（19）：64-65.

[72]　桑爱杰，徐宇飞，王善磊，等. 基于Android的北斗互联式地图应用
　　　设计[J]. 数码世界，2017（8）：151.

[73]　毕烽. 北斗导航系统发展及战略贡献[J]. 军民两用技术与产品，
　　　2018（12）：1-2.

[74]　史永乐. 基于北斗卫星导航的铁路货物追踪系统研究[D]. 北京：中
　　　国铁道科学研究院，2017.

[75]　罗思龙. GNSS用户级完好性监测算法理论、性能评估及优化研究
　　　[D]. 西安：长安大学，2019.

[76]　郭树人，蔡洪亮，孟轶男，等. 北斗三号导航定位技术体制与服务
　　　性能[J]. 测绘学报，2019（7）：810-821.

[77]　程雪. 北斗人讲述我们的星座叫北斗[J]. 科学大观园，2020
　　　（14）：26-29.

[78]　胡浩巍，张强，王飞雪. 奋斗托举"北斗"巡天[N]. 科技日报，
　　　2019-05-22.

[79]　谢军，常进. 北斗二号卫星系统创新成果及展望[J]. 航天器工程，

2017（3）：1-8.

[80] 谢军，王金刚．北斗-3卫星的创新和技术特点[J]．国际太空，2017
（11）：4-7.

[81] 黄海华．GPS曾经是"导航系统"代名词，北斗三号卫星平台多项
核心指标已胜[EB/OL]．（2021-09-10）[2022-03-01]．https://www.
jfdaily.com/news/detail?id=403820.

[82] 石磊．稳妥的技术发展途径：缩短试验期优先发展应用卫星[J]．航
空知识，2006（10）：39-40.

[83] 史志鹏，姜忠奇．北斗，那颗最亮的"星"[N]．人民日报（海外版）．
2020-06-26.

[84] 中新网．北斗三号实现三大突破攻克100多项技术[EB/OL]．（2018-
10-21）[2022-03-01]http://www.beidou.gov.cn/zt/xwfbh/bdshjbxtjc/
mtjj4/201901/t20190103_16977.html.

[85] 朱禁弢．自家的钥匙应掌握在自己手里[J]．中国经济周刊，2013
（1）：24-30.

[86] 《新经济导刊》编辑部．2018年中国新经济十大事件[J]．新经济导
刊，2019（1）：82-83.

[87] 翟万江．北斗耀东方绝技惠全球 北斗三号全球卫星导航系统星座部
署全面完成[J]．中国科技产业，2020（7）：67-68.

[88] 央视新闻客户端．焦点访谈：中国北斗服务全世界[EB/OL]．（2020-
08-03）[2022-03-01]http://www.beidou.gov.cn/yw/xwzx/202008/
t20200803_20938.html.

[89] 新华社．专访：中国在卫星导航系统国际合作中发挥积极作用：
访联合国全球卫星导航系统国际委员会执行秘书加迪莫娃[EB/OL]．

（2018-11-19）[2022-03-01]http://www.gov.cn/xinwen/2018-11/19/content_5341682.htm.

[90] 北斗网. 俄罗斯航天专家：对中俄卫星导航系统合作前景充满希望[EB/OL]. （2019-10-11）[2022-03-01]. http://www.beidou.gov.cn/yw/xwzx/201910/t20191013_19205. html.

[91] 高菲. "一带一路"航天国际合作机遇与挑战并存：专访中国卫星导航系统管理办公室国际合作中心主任王莉[J]. 卫星应用，2015（8）：9-12.

[92] 高斯. 关于SAR信号和GNSS信号的兼容性研究[D]. 武汉：华中科技大学，2018.

[93] 《河南科技》编辑部. 北斗卫星闪耀"一带一路"[J]. 河南科技，2019（11）：1.

[94] 陈飚. 第二届中阿北斗合作论坛在突尼斯成功举办[J]. 国际太空，2019（4）：68-69.

[95] 杨伊静. 北斗三号正式开通！开启服务全人类新篇章[J]. 中国科技产业，2020（8）：72-74.

[96] 云成. 加速中国的卫星服务阿拉伯国家[J]. 卫星应用，2016（2）：83-85.

[97] 新华社. 中国将与阿拉伯国家共赢共享北斗产业发展[EB/OL]. （2021-12-10）[2022-03-01]. https://xw.qq.com/cmsid/20211210A045K800?pgv_ref=baidutw.

[98] 今日北斗. 更具优势的国防应用能力，北斗做到了！[EB/OL]. （2021-01-28）[2022-03-01]. https://new.qq.com/omn/20210128/20210128A04F0H00. html.

[99] 央广军事. 全军首款单兵战救训练智能腕表亮相沙场[EB/OL]. （2019-04-15）[2022-03-01]. http://military.cnr.cn/kx/20190415/t20190415_524577924.html.

[100] 张凤林，关书安. 马尔代夫维拉纳国际机场改扩建项目：基于BIM技术的飞行区全过程数字化施工[J]. 土木建筑工程信息技术，2019（5）：90-96.

[101] 何颖. 从新冠肺炎疫情防控思考中国航天技术转民用[J]. 军民两用技术与产品，2020（5）：46-49.

[102]《科学大观园》编辑部. 北斗定位大数据分析云端科技提升战疫效率[J]. 科学大观园，2020（6）：24-27.

[103] 中国港口网. 北斗系统推进我国港口智能化升级[EB/OL]. （2020-05-11）[2022-03-01]. http://www.beidou.gov.cn/yw/xydt/202005/t20200511_20493.html.

[104] 人民数字. 5G "智慧港口" 携北斗+AI "黑科技" 亮相数字中国！[EB/OL]. （2019-05-09）[2022-03-01]. http://www.rmsznet.com/video/d94741.html.

[105] 姚利明. 航天电子让 "北斗" 星光闪耀[N]. 中国航天报，2020-06-24.

[106]《卫星应用》编辑部. 中国卫星应用 "十二五" 回顾与 "十三五" 展望[J]. 卫星应用，2016（2）：8-19.

[107] 北斗网. 新闻联播：北斗全面助力抗击新冠肺炎疫情[EB/OL]. （2020-02-28）[2022-03-01]. http://www.beidou.gov.cn/yw/xwzx/202002/t20200228_20121.html.

[108] 观察者网. 2020年我国卫星导航与位置服务产业总体产值达4 033亿

元人民币，同比增长16.9％[EB/OL]．（20210-05-20）[2022-03-01]．

https://www.guancha.cn/economy/2021_05_20_591344_s.shtml.

[109] 中国卫星导航定位协会．中位协发布《2021中国卫星导航与位置服
务产业发展白皮书》发布[EB/OL]．（2021-05-18）[2022-03-01]．

http://www.glac.org.cn/index.php?m=content&c=index&a=show&catid=
1&id=7962.

[110] 晓说通信．民航拥抱5G，ATG+北斗大势所趋[EB/OL]．（2021-05-
24）[2022-03-01]．https://view.inews.qq.com/a/20210524A0AP3L00.

[111] 装备科技．跟着卫星提前"看"冬奥！[EB/OL]．（2021-02-19）
[2022-03-01]．http://www.81.cn/kt/2021-02/19/content_9987986.htm.

[112] 严冰．京张铁路，见证百年荣辱[J]．人民交通，2020（5）：57.

[113]《隧道建设》编辑部．中国首条智能高铁京张高铁全线轨道贯通[J]．
隧道建设，2019（6）：1013.

[114] 中新社．探访首钢园，体验北京冬奥会5G创新应用[EB/OL]．
（2021-10-24）[2022-03-01]．https://baijiahao.baidu.com/s?id=171450
9763306734185&wfr=spider&for=pc.

[115] 辽宁省科学技术馆．北斗＋冬奥，带你"窥见"冬奥背后的科技力
量！[EB/OL]．（2022-01-20）[2022-03-01].https://view.inews.qq.com/
a/. 20220120A04N5X00.

[116] 崔兴毅，王雪姣．看，冬奥高科技无处不在[N]．光明日报，2022-
02-10.

[117] 陈飚，齐晓君．北斗让生活更美好[EB/OL]．（2017-04-24）[2022-
03-01]．https://www.sohu.com/a/136199762_466840.

[118] 智车科技．5G+北斗天作之合助力智能驾驶[EB/OL]．（2022-01-

17）[2022-03-01]. https://www.sohu.com/a/516922398_468661.

[119] 清新社. 河北将建4条智慧高速, 北斗、5G全线覆盖, 超视距全息感知[EB/OL].（2022-01-10）[2022-03-01].http://www.glac.org.cn/index.php?m=content&c=index&a=show&catid=2&id=8629.

[120] 天工测控. 基于北斗的交通物流应用[EB/OL].（2017-11-14）[2022-03-01]. https://www.sohu.com/a/204272022_531173.

[121] 王瑞芳. 北斗三号发射推进交通物流领域数字化转型应用[EB/OL].（2020-06-23）[2022-03-01]. http://www.china.com.cn/zhibo/content_76193736.htm.

[122]《科学大观园》编辑部. 北斗定位大数据分析云端科技提升战疫效率[J]. 科学大观园, 2020（6）: 24-27.

[123] 姜天骄. 北斗助力战"疫"更精准[J]. 发明与创新大科技, 2020（4）: 56.

[124] 韩维正. 疫情防控急北斗显威力[N]. 人民日报（海外版）, 2020-03-10.

[125] 张昕, 李国兴, 张超. 提升我军应急运输投送能力的思考: 疫情防控中综合交通运输的启示[J]. 军事交通学院学报, 2020（5）: 5-8.

[126] 中国电子科技集团有限公司. 北斗走进"雪如意"填补我国室内外高精度导航空白[EB/OL].（2021-01-27）[2022-03-01].http://www.sasac.gov.cn/n2588025/n2588124/c22918710/content.html.

[127] 搜狐新闻. 卫星定位科技助力! 极地探路者北斗版防寒服全球首发[EB/OL].（2021-12-24）[2022-03-01].http://news.sohu.com/a/511113833_120099902.

[128] 中科院物理所. 除了定位导航, 北斗还能授时? [EB/OL].（2020-

12-21）[2022-03-01]. https://baijiahao.baidu.com/s?id=1686663910289
378843&wfr=spider&for=pc.

[129] 中国数字科技馆. 日月更替, "斗"转星移: 高精度的北斗授时
系统[EB/OL]. （2021-03-30）[2022-03-01]. https://www.cdstm.cn/
frontier/hthk/202103/t20210330_1045103.html.

[130] 《中国军转民》编辑部. 航天盛年多盛事"四大工程"壮国威（上）:
"十二五"国防科技成就系列报道之一[J]. 中国军转民，2015
（12）: 15-26.

[131] 《太空探索》编辑部. "北斗"应用之渔业系统[J]. 太空探索，
2017（4）: 16.

[132] 北斗海聊. 北斗短报文可以在林业做些什么？[EB/OL]. （2021-03-
26）[2022-03-01]. https://baijiahao.baidu.com/s?id=1695187806989493
287&wfr=spider&for=pc.

[133] 王国昌，王智. 测绘技术抗震设计和应急抢险方法探讨[C] // 中国
铁道学会. 地震灾害对铁路的影响及对策学术研讨会论文集，北
京: 2008.

[134] 李广侠，吕晶. 卫星通信: 抗震救灾的信息之桥[C] // 中国通信学会.
灾害应急与卫星应用研讨会论文集，北京: 2008.

[135] 北斗海聊. 北斗数据传输，可以为城市内涝做些什么？[EB/OL].
（2021-07-27）[2022-03-01]. https://www.sohu.com/a/479835722_
120996695.

[136] 潘秀英. 躲藏的新物种[M]. 合肥: 时代出版传媒股份有限公司; 安
徽美术出版社，2014.

[137] 今日北斗. 大国担当丨北斗在国际搜救体系中迈出坚定的一

步[EB/OL]．（2021-01-26）[2022-03-01]http://news.sohu.com/a/446778514_120967111.

[138] 李罡．北斗应用·北斗三号的国际搜救服务[EB/OL]．（2020-07-04）[2022-03-01]．https://zhuanlan.zhihu.com/p/154105473?from_voters_page=true.

[139] 宋强．北斗卫星导航系统在海事领域的应用研究[J]．中国海事，2019（10）：42-45

[140]《中国海事》编辑部．国际海事动态[J]．中国海事，2018（5）：74.

[141] 王菁，田秋丽，代君．SDCM星基增强系统星座性能分析[J]．电子测试，2019（15）：57-59.

[142] 俞盈帆．卫星直播和"户户通"新成果亮相CCBN 2013[J]．卫星应用，2013（2）：59.

[143] 司南导航．北斗三号精密单点定位（PPP-B2b）技术及应用[EB/OL]．（2021-08-10）[2022-03-01]．https://view.inews.qq.com/a/20210810A0EOUM00?startextras=0_2db0d160e3dd3&from=ampzkqw.

[144] 黄双临，辛洁，王冬霞，等．星基增强系统电文及播发特性研究[J]．数字通信世界，2019（2）：4-6，3.

[145] 民航局．民航局正式启动北斗星基增强系统民航应用验证评估工作[EB/OL]．（2019-01-14）[2022-03-01]．http://www.gov.cn/xinwen/2019/01/14/content_5357905.htm.

[146]《卫星应用》编辑部．北斗产业创新发展，应用领域更加广泛：《2020年卫星导航与位置服务产业发展白皮书》发布[J]．卫星应用，2020（6）：63-70.

[147]《航空维修与工程》编辑部．维修动态[J]．航空维修与工程，2020

（1）：14-18.

[148] 《空运商务》编辑部. 北斗卫星导航系统首次应用于国内运输航空 [J]. 空运商务，2020（1）：9.

[149] 钱航，吴桐. 北斗走向全球导航舞台中央[J]. 太空探索，2018 （10）：7-10.

[150] 《科学大观园》编辑部. 北斗全球组网将如何影响我们的生活[J]. 科学大观园，2020（14）：32-35.

[151] 陈立，崔恩慧，杨蕾，等. 中国航天自信地面向未来[J]. 太空探 索，2013（10）：36-37.

[152] 《卫星应用》编辑部. 国内动态[J]. 卫星应用，2014（6）：5-6.

[153] 新华网. 北斗卫星导航系统首个海外组网项目在巴基斯坦完成构 建[EB/OL]. （2014-05-22）[2022-03-01].http://www.xinhuanet.com// world/2014-05/22/c_1110819096.htm.

[154] 樊巍. 中国北斗产业2025年总值将达到1万亿元[N]. 环球时报， 2021-05-27.

[155] 郁振一，等. 北斗三号开通之日，习近平为何提出"新时代北斗精 神"[EB/OL]. （2020-08-02）[2022-03-01]. http://news.china.com. cn/2020-08/02/content_76338793.htm.

[156] 张正烜，高亢，郭广阔，等. 北斗卫星导航系统应用产业化发展探讨[J]. 卫星应用，2019（11）：58-64.

[157] 成伟荣. 习近平科技思想研究[D]. 保定：河北大学，2017.

[158] 《科学之友》编辑部. 北斗如何改变我们的生活[J]. 科学之友， 2020（8）：14-15.

[159] 北斗科普网（中国GNSS网），http://www.bdlead.cn/.

[160] 北斗学术交流中心. "北斗杯"全国青少年空天科技体验与创新大赛进入教育部2022—2025学年面向中小学生的全国性竞赛活动名单[EB/OL]. (2022-10-02) [2022-12-16] https://baijiahao.baidu.com/s?id=17455 91527655864881&wfr=spider&for=pc.

[161] 中华人民共和国国务院新闻办公室. 新时代的中国北斗[N]. 人民日报，2022-11-05(002).

附录

"鸿鹄微科普" 视频号简介

科技是国家强盛之基，创新是民族进步之魂。全社会形成讲科学、爱科学、学科学、用科学的良好氛围，才能为人才提供茁壮成长的沃土。

西南科技大学环境与资源学院开设有地理信息科学、测绘工程、环境工程、安全工程、地质工程、采矿工程、矿物加工、交通工程等本科专业，具备本、硕、博完整的高等教育办学层次，拥有国家遥感中心绵阳科技城分部、固体废物处理与资源化教育部重点实验室、全国首个钙华展览馆等科研和科普平台，是世界钙华自然遗产研究与保护联盟（World Alliance for Research and Conservation of Travertine/Tufa Natural Heritage）的发起单位之一，有众多对科学普及满怀热忱的师生。以"普及科学知识 提高科学素质"为宗旨，我们创建了"鸿鹄微科普"视频号，由学院新媒体代言人"小鸿子"和"小鹄子"带领大家，以动画微视频的方式，一起学习6个主题的科学知识：

1. 星空浩瀚，北斗璀璨

在浩瀚的星空中，璀璨的北斗星座曾长期作为人们导航的依据。2020年7月31日，北斗三号全球卫星导航系统正式开通。作为全球卫星导航系统冉冉升起的新星，北斗卫星导航系统正提供覆盖全球的高精度、高可靠的定位、导航、授时、短报文通信、国际搜救服务（在中国及周边地区，还能提供星基增强与地基增强的定位导航授时和精密单点定位服务）。该主题将以科普著作《星空浩瀚 北斗璀璨》为蓝本，重点介绍北斗导航系统的建设意义、广泛应用，并关注其最新发展动态。

2. 遥感在身边，慧眼识家园

遥感是一种远距离、非接触，利用物体的电磁波反射、辐射特性进行探测的技术。我们常常说遥感是"千里眼""透视眼""夜视眼"等等。你可能会想，看上去离我们这么遥远的技术，跟我们有什么关系呢？别着急，"遥感在身边，慧眼识家园"将和你一起揭开遥感的神秘面纱。

3. 地图说中国，放眼看世界

地图不仅是人类文明的象征，也是人类文明传递的一种载体。"地图说中国，放眼看世界"将用地图展示我们伟大祖国的历史文化、壮美山河、大国崛起的坚实步伐，也将让我们放眼世界，走向星辰大海。

4. 安全记心间，应急不慌乱

"安全无小事"，防微杜渐是关键。"安全记心间，应急不慌乱"将告诉我们如何尽早识别日常生活中的各种安全隐患，尽可能减少安全事故的发生，而一旦遇到紧急情况，应该如何科学应对，以尽量避免伤亡、减小损失。

5. 沉淀岁月，惊艳时光

斗转星移、潮起潮落，神奇的大自然，就像是一本写尽沧桑变迁的浩瀚史书。"沉淀岁月，惊艳时光"将和大家一起翻开这本神秘莫测的巨作，通过钙华、矿物、化石等去寻找认识地球、利用地球和保护地球的密码。

中国首个钙华展览馆在西南科大开馆

6. 守护绿水青山，建设生态文明

近年来，"绿水青山就是金山银山"的理念已日渐深入人心，我们越来意识到尊重自然、保护自然，走可持续发展道路的重要性，但资源紧缺、工业污染、生态退化等严峻形势也提醒我们，建设生态文明道阻且长。该主题将加强生态文明宣传教育，推动形成节约适度、绿色低碳、文明健康的生活方式和消费模式，营造崇尚生态文明的良好氛围。

希望广大青少年不忘习近平主席对大家"立鸿鹄志，做奋斗者"的殷殷期盼。欢迎观看！

"鸿鹄微科普" B站二维码
（可用微信扫码观看）

"鸿鹄微科普" 抖音号
60759341506
（可用抖音号登录观看）